英国数学真简单团队/编著　华云鹏 刘舒宁/译

DK儿童数学分级阅读 第四辑

# 几何与图形

電子工業出版社
Publishing House of Electronics Industry
北京 · BEIJING

**版权贸易合同登记号　图字：01-2024-1631**

**图书在版编目（CIP）数据**

DK儿童数学分级阅读. 第四辑. 几何与图形 / 英国数学真简单团队编著；华云鹏，刘舒宁译. --北京：电子工业出版社，2024.5
ISBN 978-7-121-47749-2

Ⅰ. ①D…　Ⅱ. ①英…　②华…　③刘…　Ⅲ. ①数学－儿童读物　Ⅳ. ①O1-49

中国国家版本馆CIP数据核字（2024）第082172号

出版社感谢以下作者和顾问：Andy Psarianos, Judy Hornigold, Adam Gifford和Anne Hermanson博士。
已获Colophon Foundry的许可使用Castledown字体。

责任编辑：苏　琪　文字编辑：高　菲
印　　刷：鸿博昊天科技有限公司
装　　订：鸿博昊天科技有限公司
出版发行：电子工业出版社
　　　　　北京市海淀区万寿路173信箱　　邮编：100036
开　　本：889×1194　1/16　印张：18　　字数：303千字
版　　次：2024年5月第1版
印　　次：2024年11月第2次印刷
定　　价：128.00元（全6册）

凡所购买电子工业出版社图书有缺损问题，请向购买书店调换。若书店售缺，请与本社发行部联系，联系及邮购电话：（010）88254888，88258888。
质量投诉请发邮件至zlts@phei.com.cn，盗版侵权举报请发邮件至dbqq@phei.com.cn。
本书咨询联系方式：（010）88254161转1868，suq@phei.com.cn。

www.dk.com

# 目录


测量图形的面积 4
数正方形测量面积 6
测量面积和周长 8
用乘法测量面积 10
用正方形和三角形测量面积 12
用网格线测量面积 14
了解角的分类 16
比较角的大小 18
三角形的分类 20
四边形的分类 22
认识轴对称图形 24
画对称轴 26
绘制轴对称图形 28
补全轴对称图形 30
描述平面上点的位置 32
用坐标表示点的位置 34
在坐标轴上标出点 36
描述平移后的位置 38
描述平移过程 40
回顾与挑战 42
参考答案 46

# 测量图形的面积

第1课

## 准备

霍莉需要多少个正方形才能覆盖这张图片的表面？

## 举例

图形表面的大小称为它的面积。

霍莉需要12个正方形才能覆盖图片的表面。

## 练习

量一量并从卡纸上剪下一些边长为2厘米的正方形。

需要多少个正方形才能覆盖以下图形的表面？

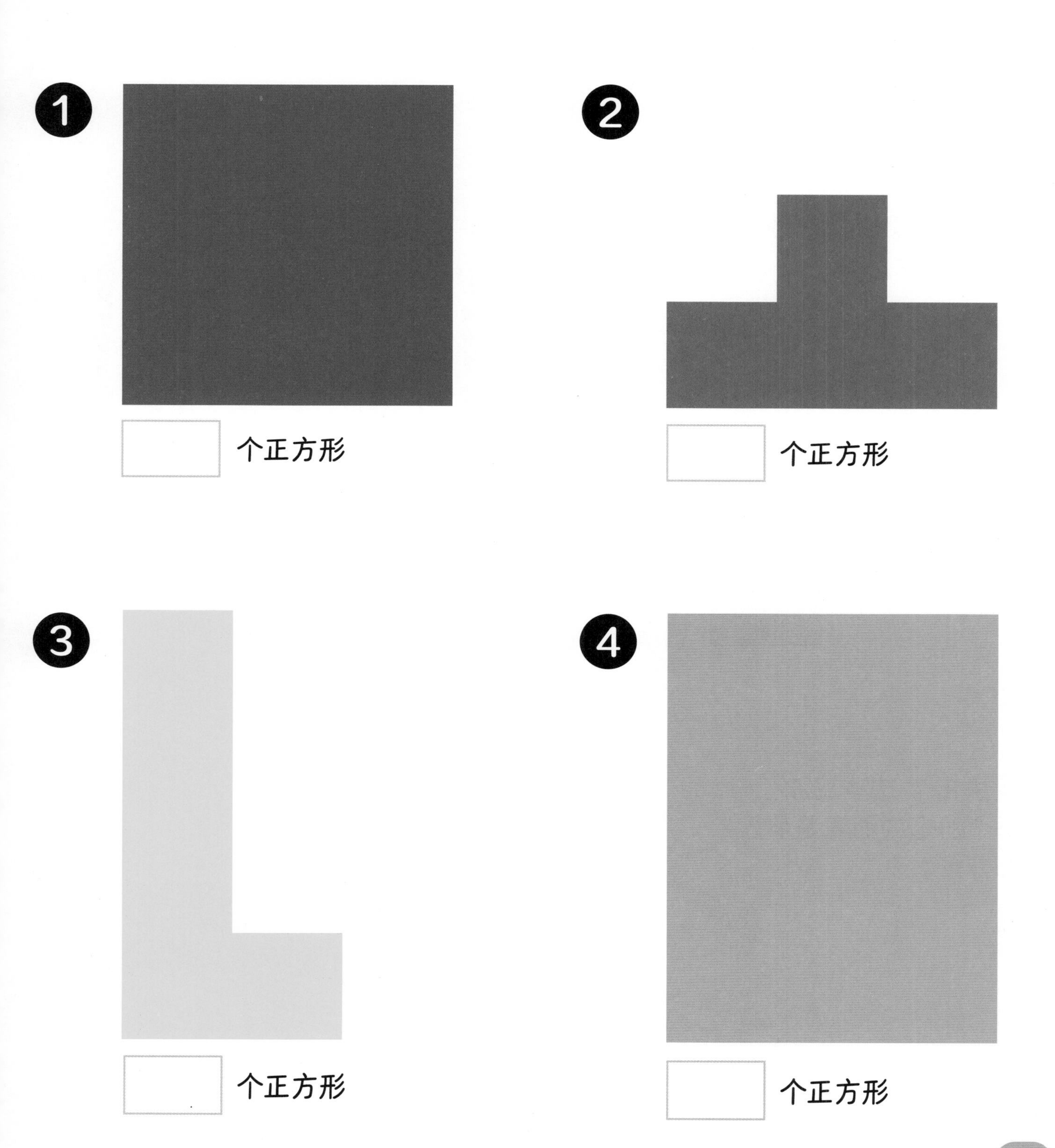

# 数正方形测量面积

第2课

## 准 备

汉娜和艾略特用这些正方形纸来拼图形。

他们能拼出什么图形？

## 举 例

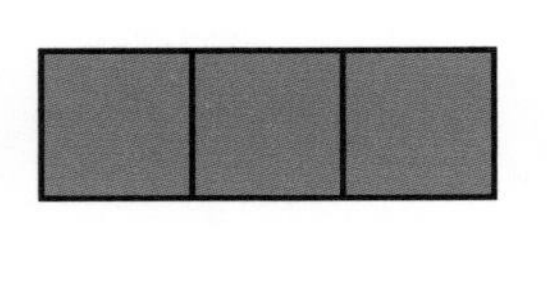

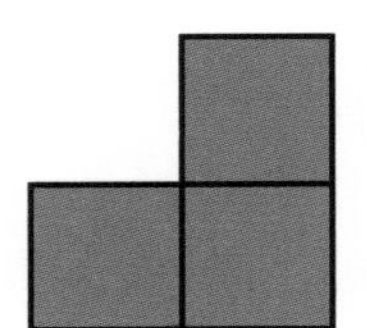

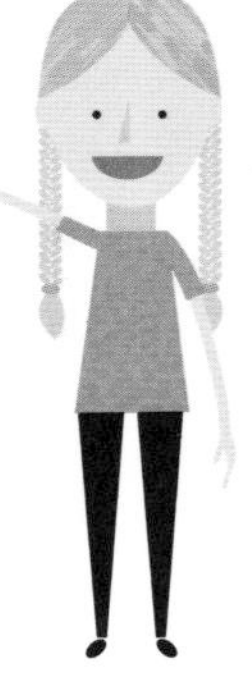

我拼出了这些图形，每个图形的面积是3个正方形。

我拼出了这些图形，每个图形的面积是4个正方形。

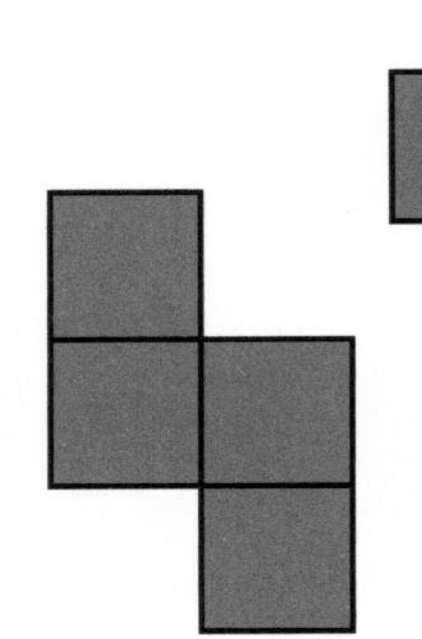

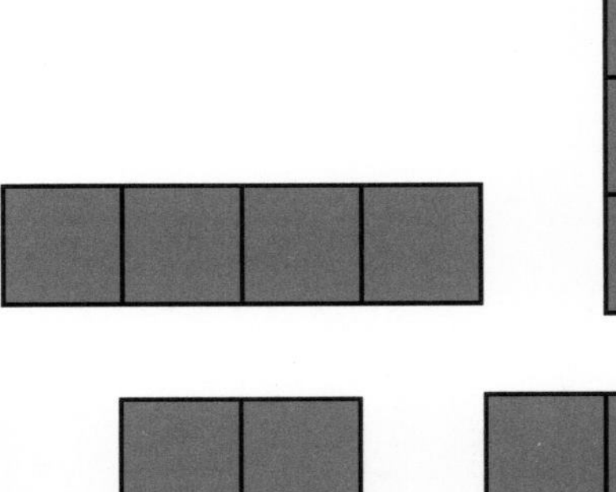

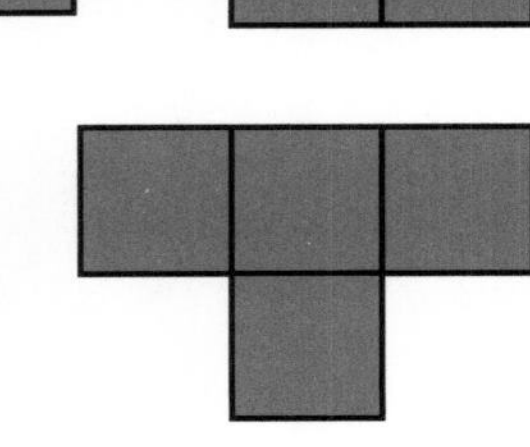

## 练习

**1** 剪出5个完全相等的正方形，把它们边与边拼在一起，拼出不同的图形。在下面画出你拼出的图形。

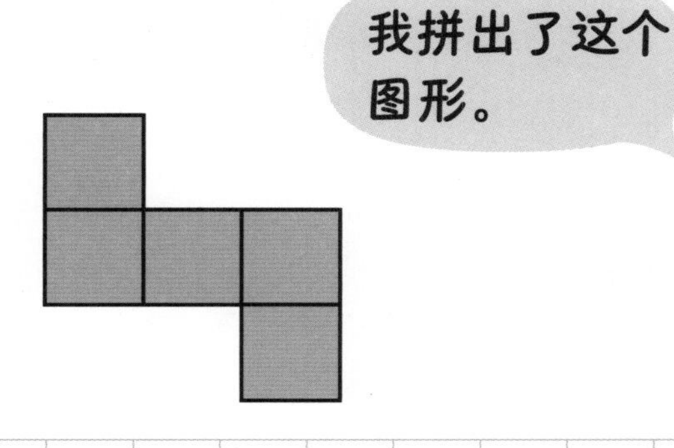


你能拼出多少种面积为5个正方形的图形？

**2** 圈出面积为6个正方形的图形。

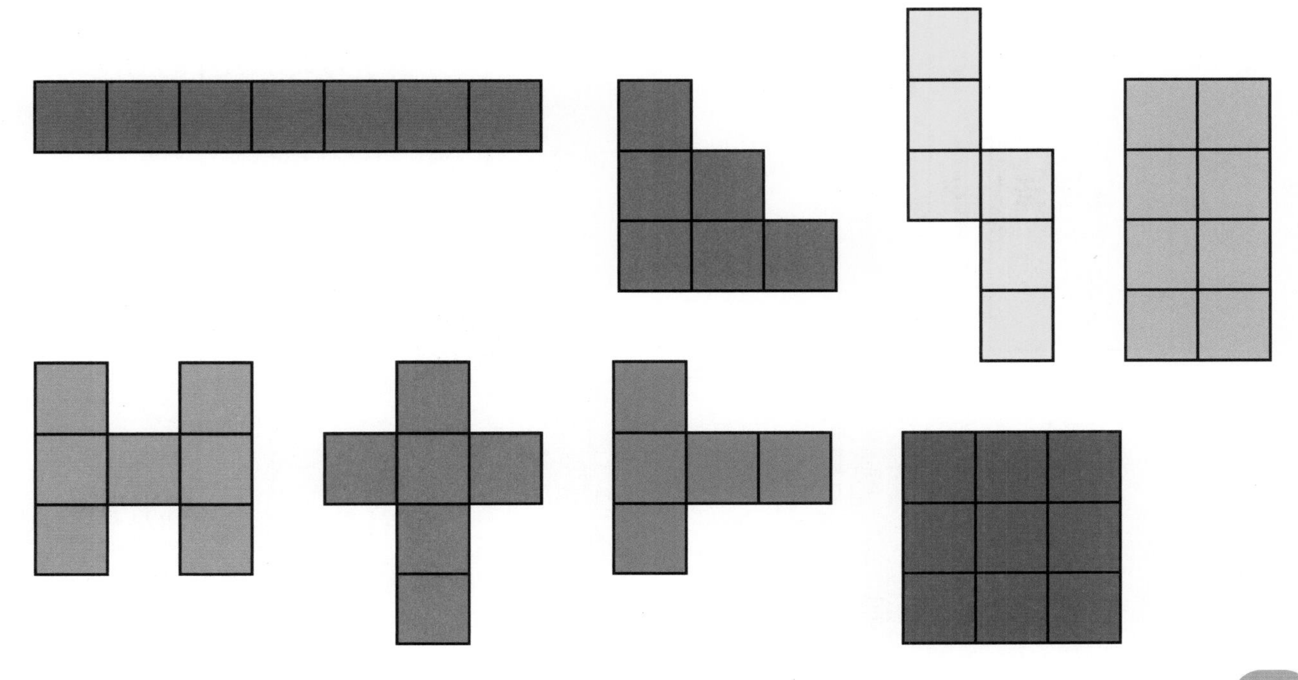

# 测量面积和周长

第3课

## 准备

两个图形有可能面积相等但周长不相等吗？

周长相等但面积不相等呢？

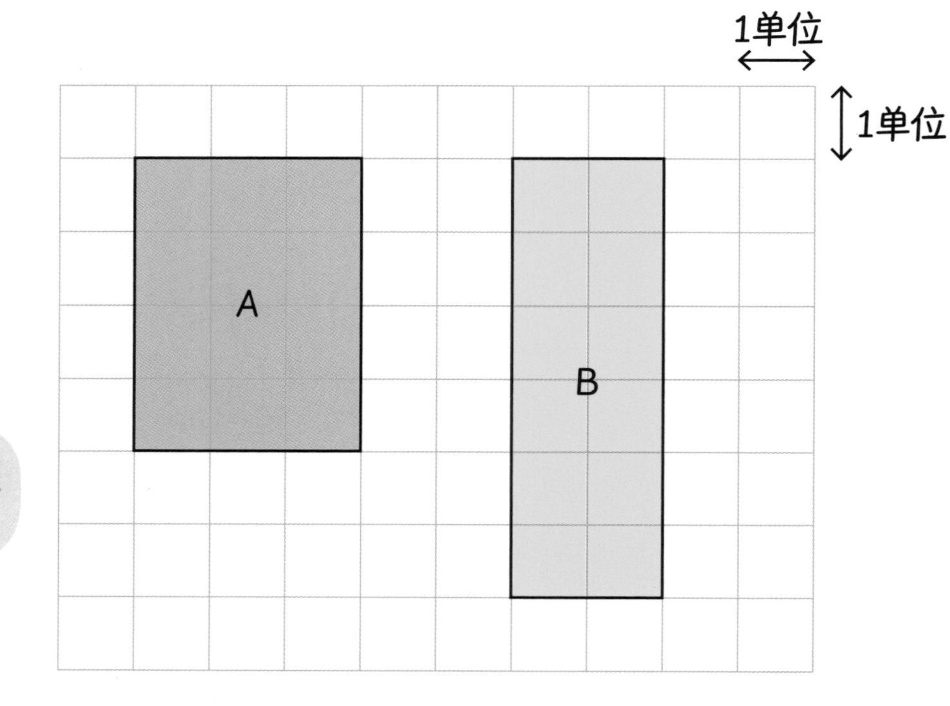


## 举例

求出图形A和B的面积和周长。

1单位

1单位

A

B

表示1个平方单位。

图形A和B的面积都是12个平方单位。

测量边长求周长。

图形A的周长是14个单位，图形B的周长是16个单位。

两个图形有可能面积相等但周长不相等。

求出图形C的面积和周长。

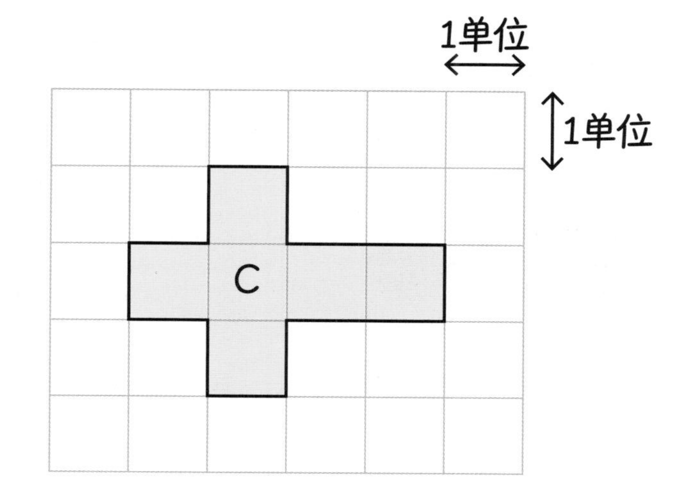


两个图形也有可能周长相等但面积不相等。

## 练 习

**1** 画出两个图形，使它们的周长均为18个单位，但面积不相等。

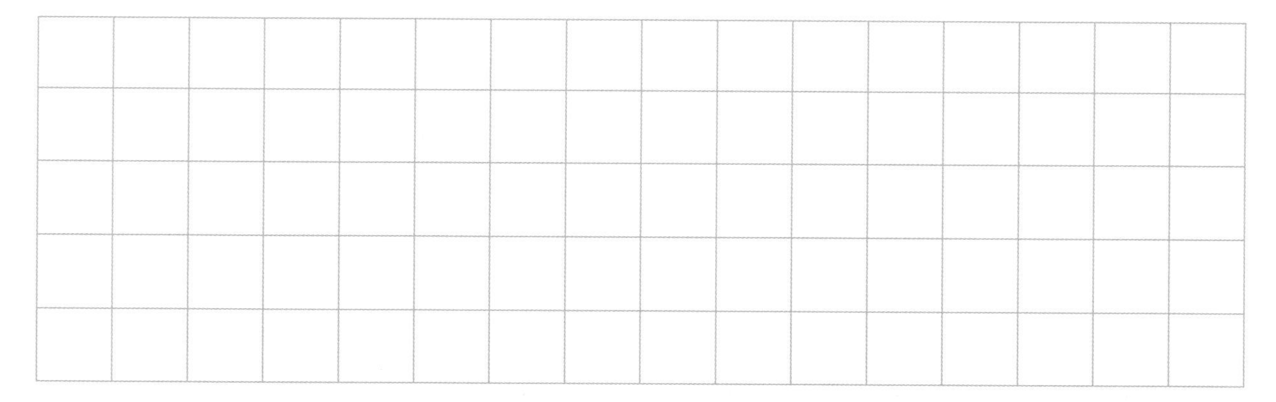

**2** 画出两个图形，使它们的面积均为20个平方单位，但周长不相等。

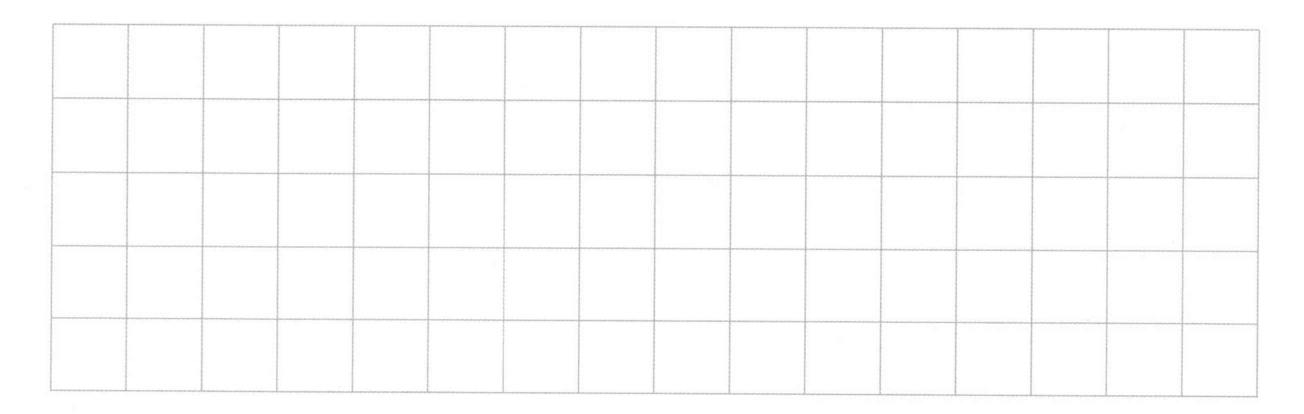

# 用乘法测量面积

第4课

## 准备

不逐个数方块，能求出长方形的面积吗？

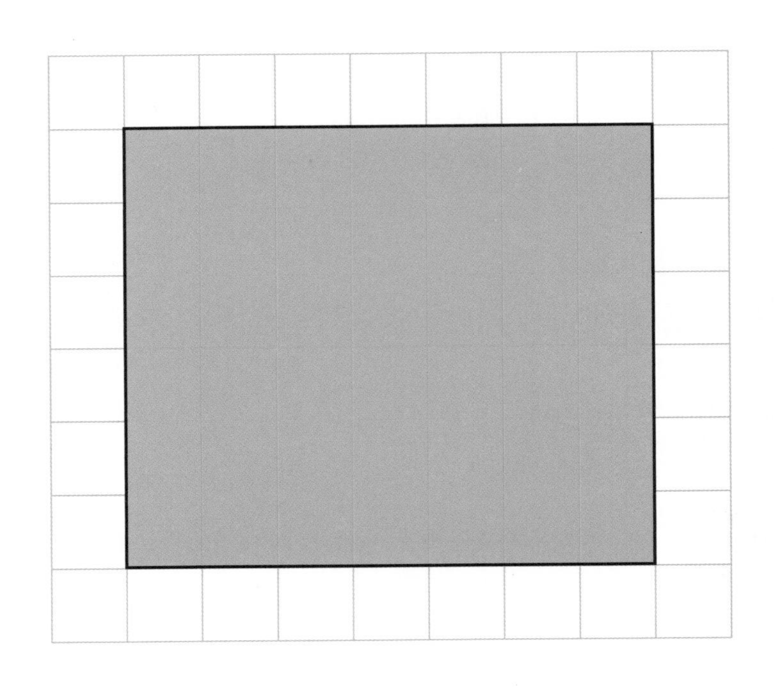

## 举例

一行有7个正方形。

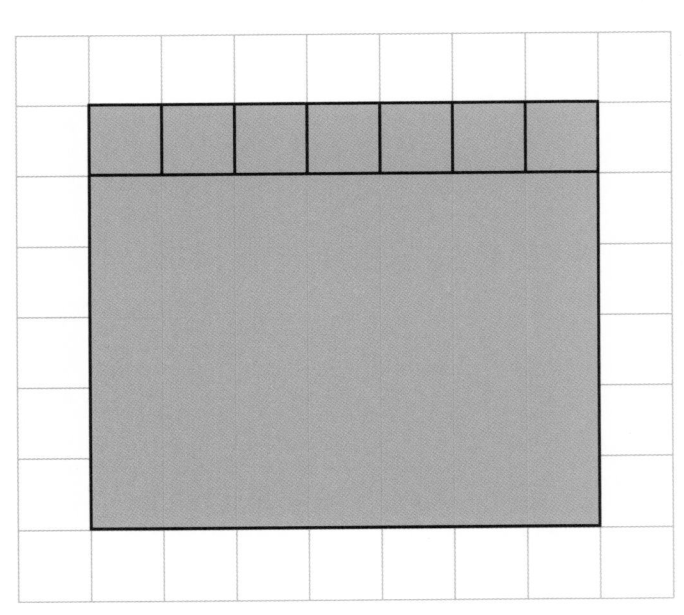

一共有6行。

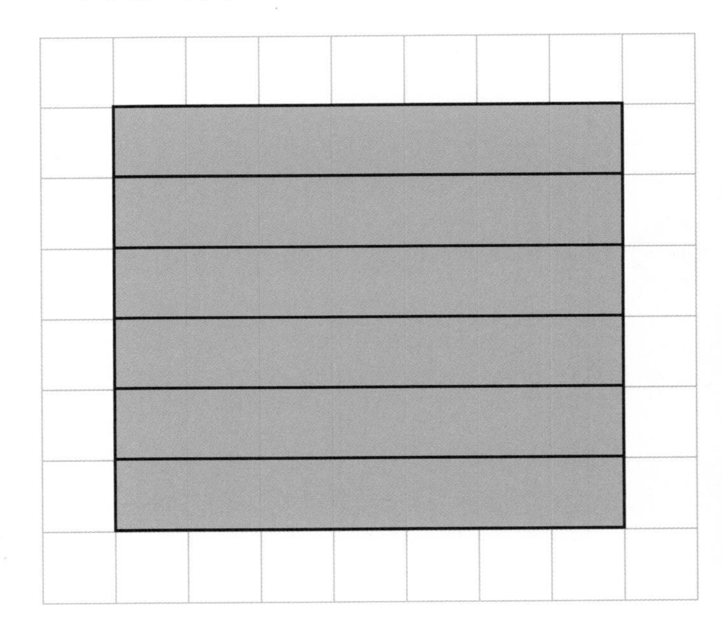

$7 \times 6 = 42$

长方形的面积为42个平方单位。

## 练 习

**1** 求出这些长方形的面积。

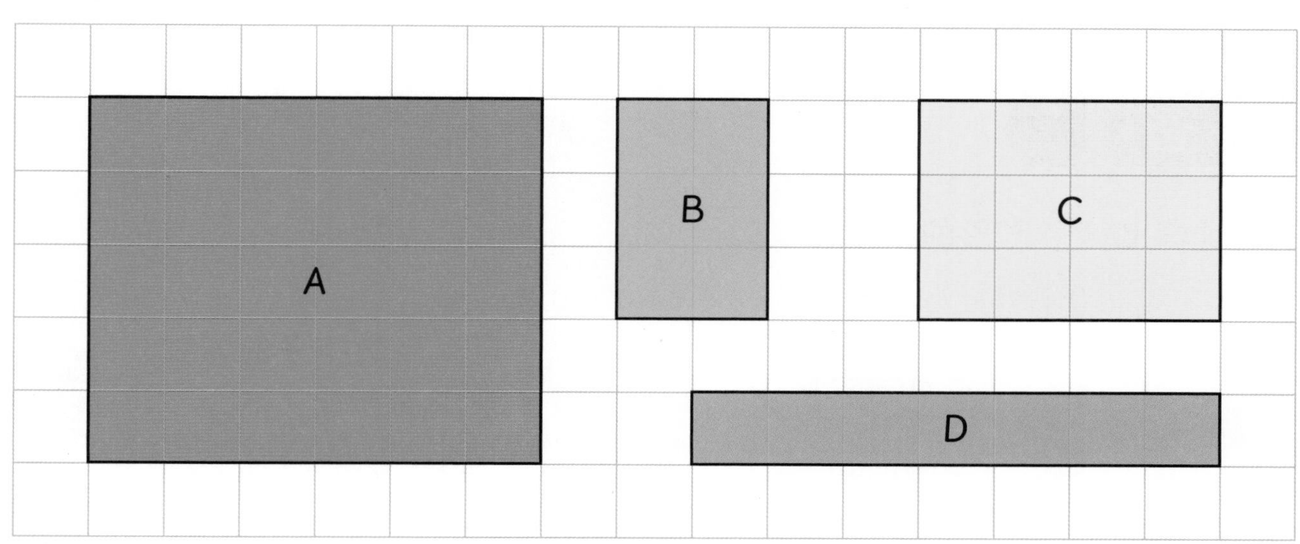


(1) 图形A的面积为 ☐ 个平方单位。

(2) 图形B的面积为 ☐ 个平方单位。

(3) 图形C的面积为 ☐ 个平方单位。

(4) 图形D的面积为 ☐ 个平方单位。

**2** 画出两个不同的长方形，使它们的面积均为24平方单位。

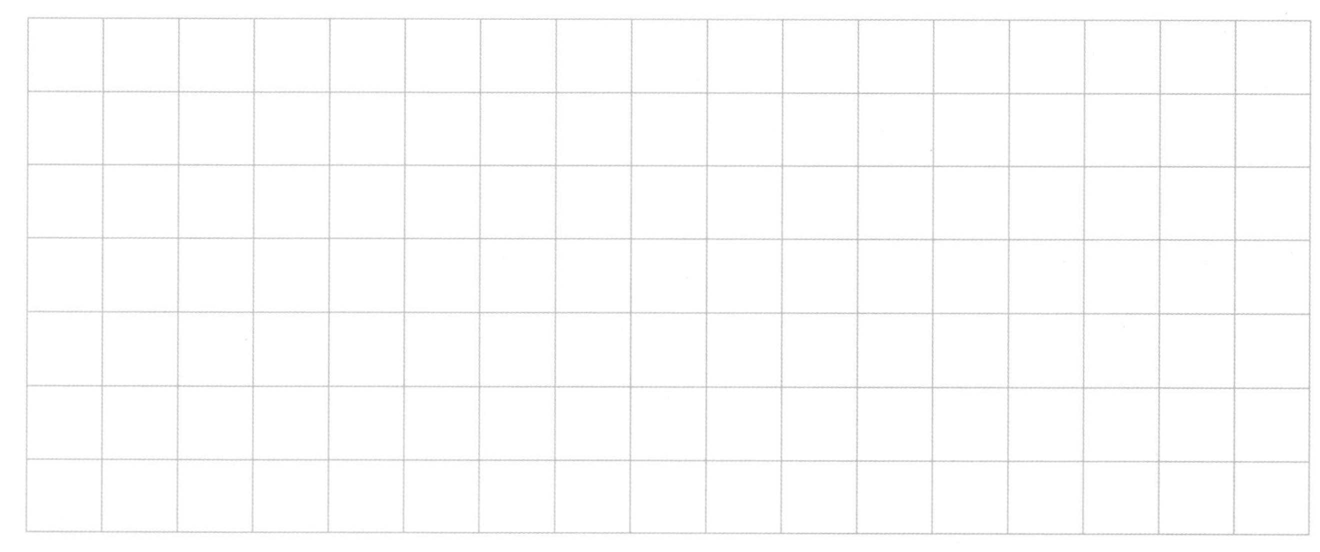

# 用正方形和三角形测量面积



## 准备

如何求出这个图形的面积？

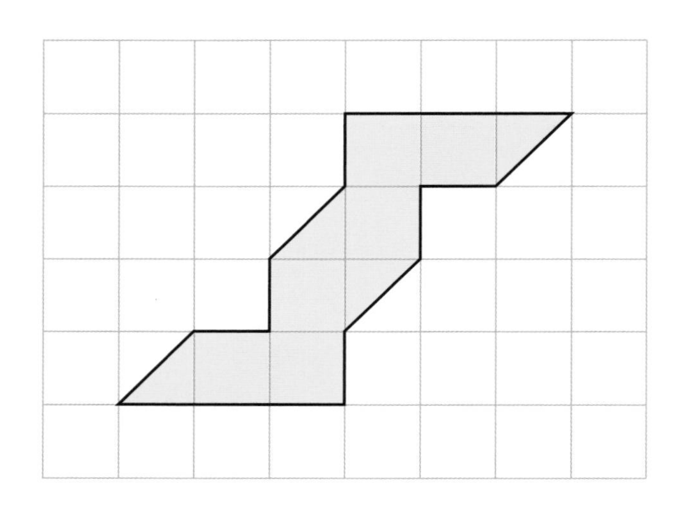

可以用数格子的方式来求面积吗？

## 举例

有6个正方形和4个三角形。
6个正方形＝6个平方单位。

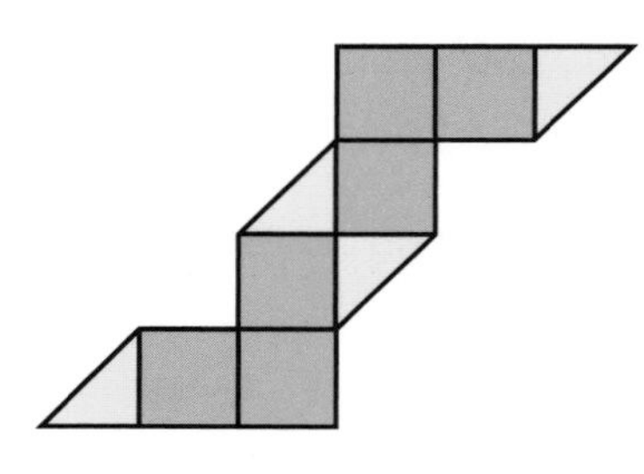

2个三角形的总面积等于1个正方形。

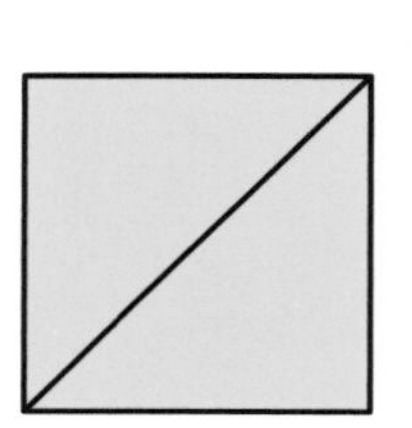

4个三角形的面积是2个平方单位。

6 + 2 = 8

这个图形的面积是8个平方单位。

## 练 习

求出以下图形的面积。

❶

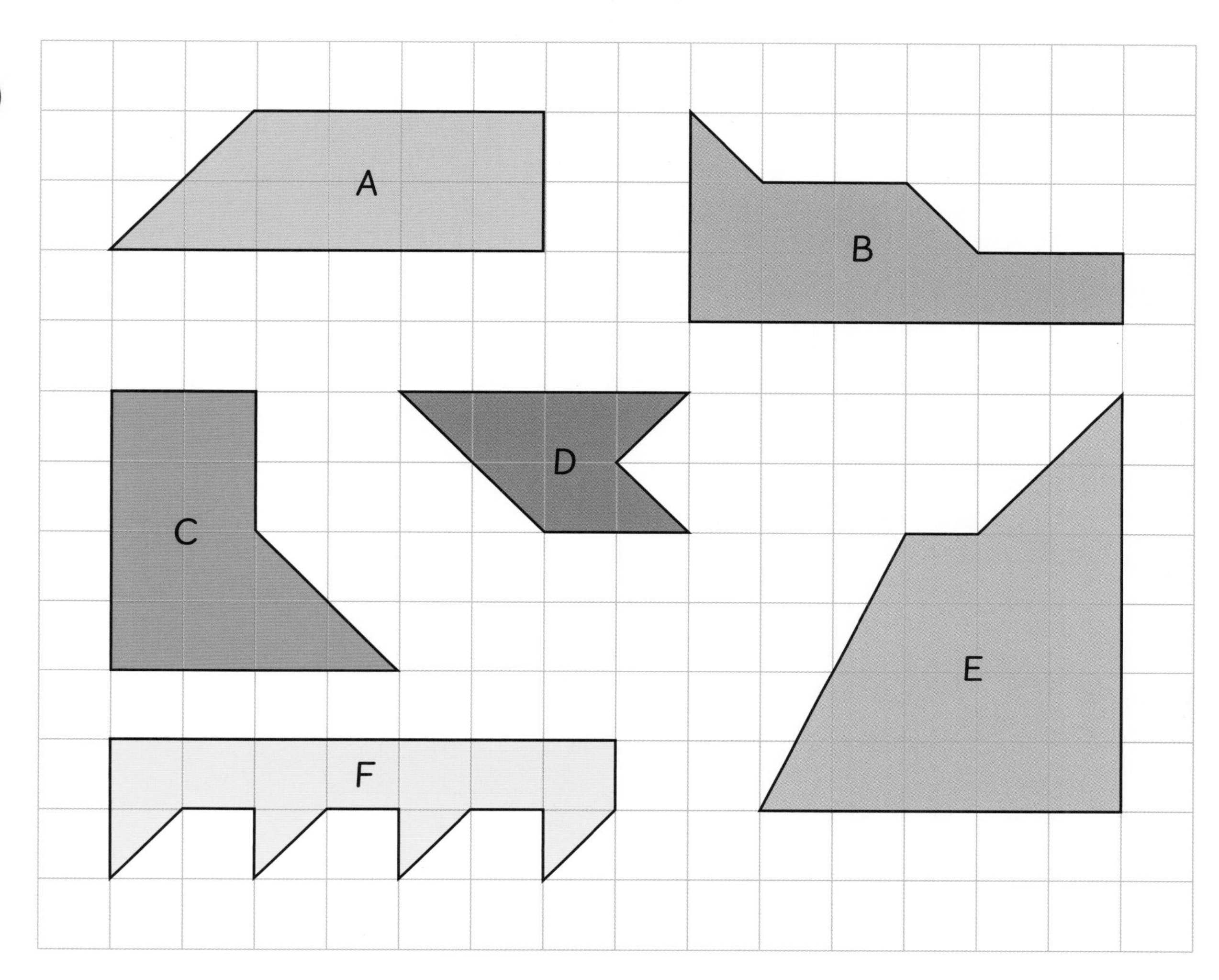


❶ 图形A的面积为　　个平方单位。

❷ 图形B的面积为　　个平方单位。

❸ 图形C的面积为　　个平方单位。

❹ 图形D的面积为  个平方单位。

❺ 图形E的面积为  个平方单位。

❻ 图形F的面积为　　个平方单位。

# 用网格线测量面积

第6课

## 准备

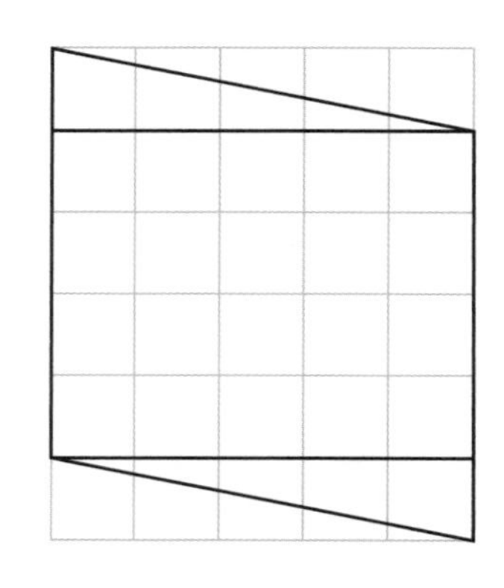

如何求出这个图形的面积？

数一数正方形可以吗？

## 举例

我们不能只数正方形来求面积。

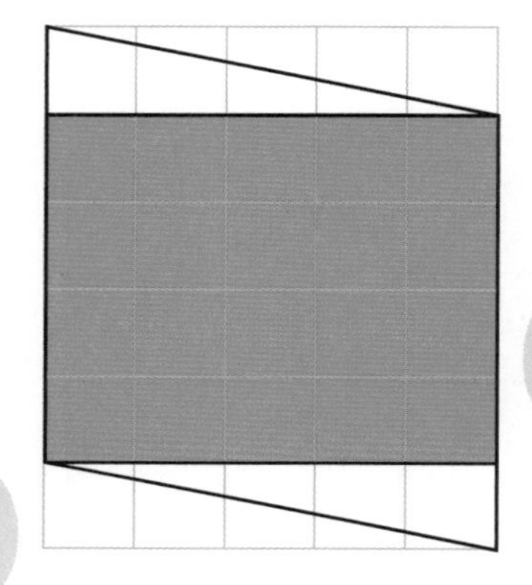

图中有1个长方形。

长方形的面积是20个平方单位。

描出这个长方形。

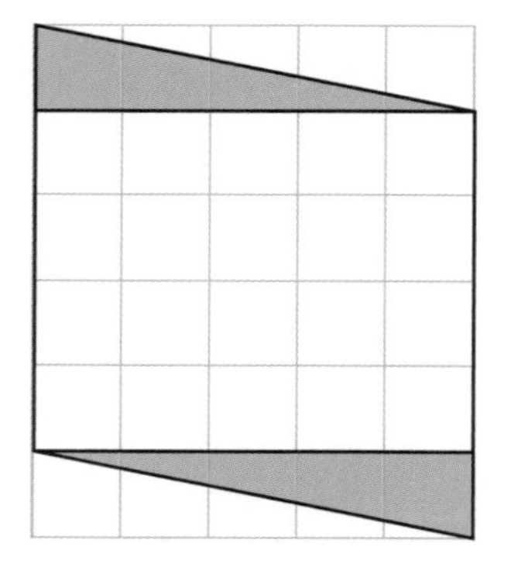

图中还有2个三角形。

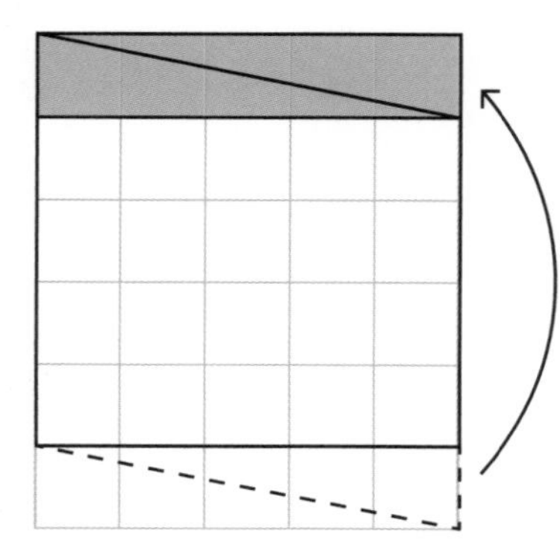

这2个三角形可以组成1个长方形。

这个长方形的面积是5个平方单位。

20个平方单位+5个平方单位
=25个平方单位

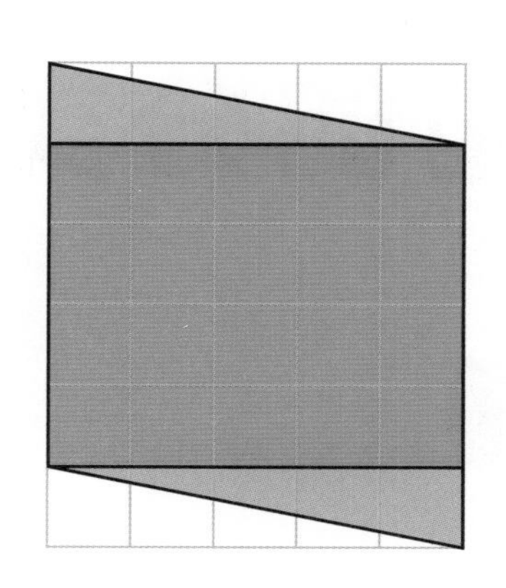

图形的面积为25个平方单位。

## 练 习

求出以下图形的面积。

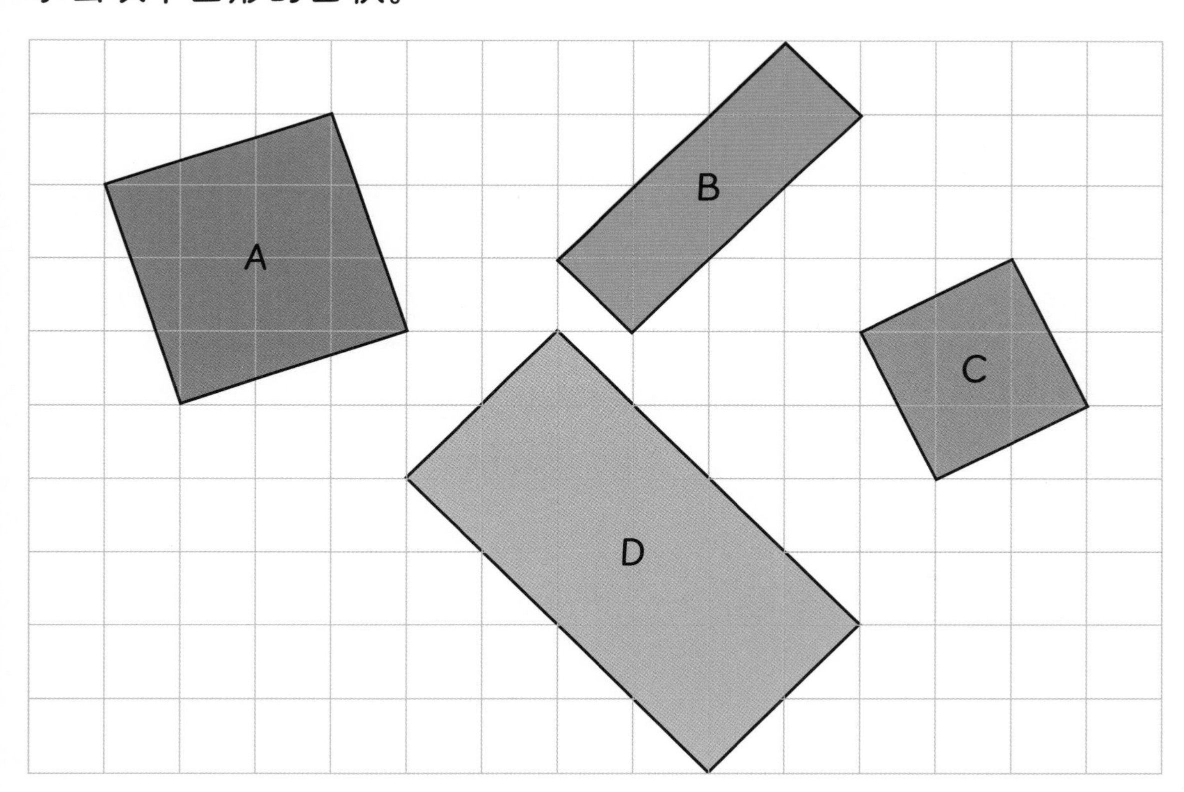


❶ 图形A= ____ 个平方单位

❷ 图形B= ____ 个平方单位

❸ 图形C=  个平方单位

❹ 图形D= ____ 个平方单位

# 了解角的分类



## 准备

如何描述这些图形的各个角？

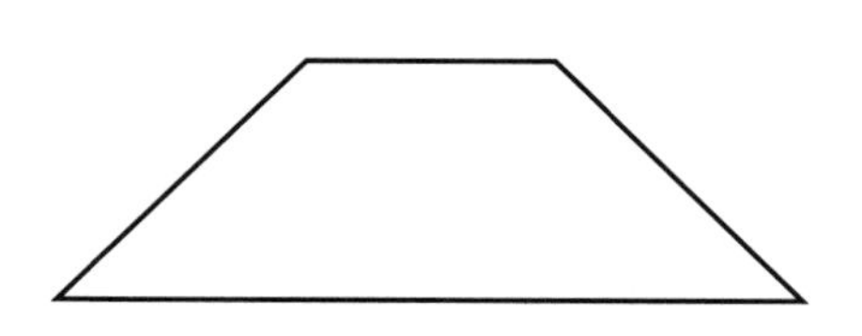

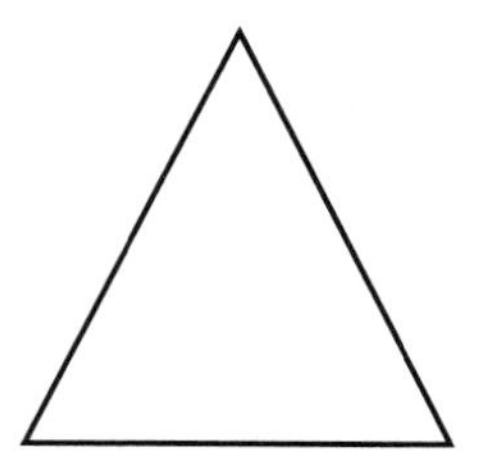

## 举例

可以用课本的一角来判断直角。

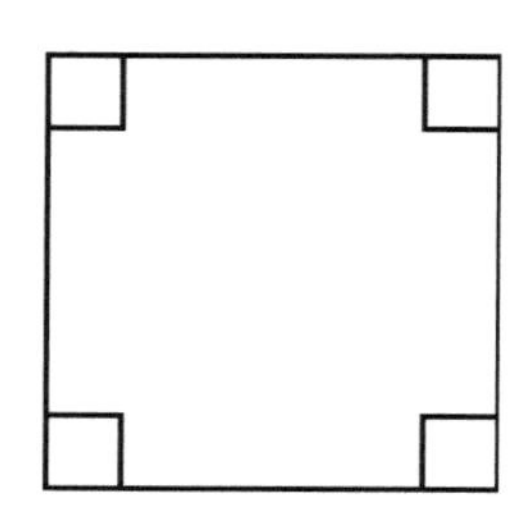

这是一个正方形。所有的角都是直角。直角的两条边互相垂直。

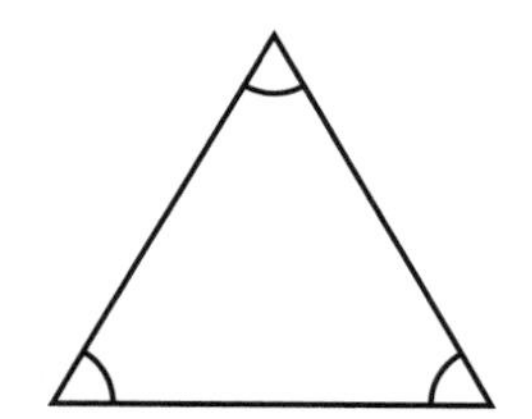

这个三角形中所有的角都小于直角，它们都是锐角。

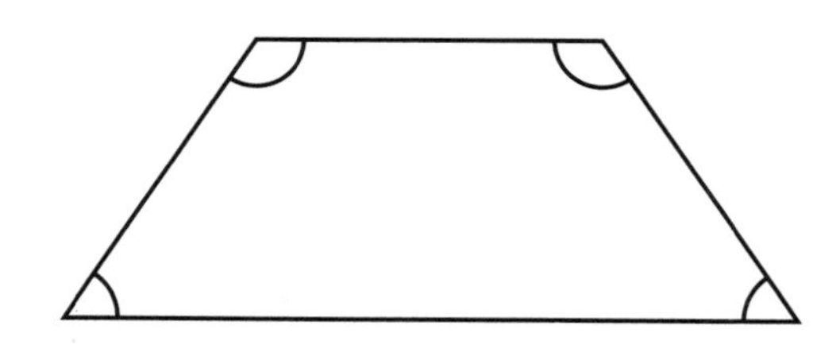

这个梯形有两个锐角和两个钝角。钝角比直角大。

## 练 习

**1** 用书本的一角来帮助你判断不同的角。用a表示锐角，用o表示钝角，用r表示直角。

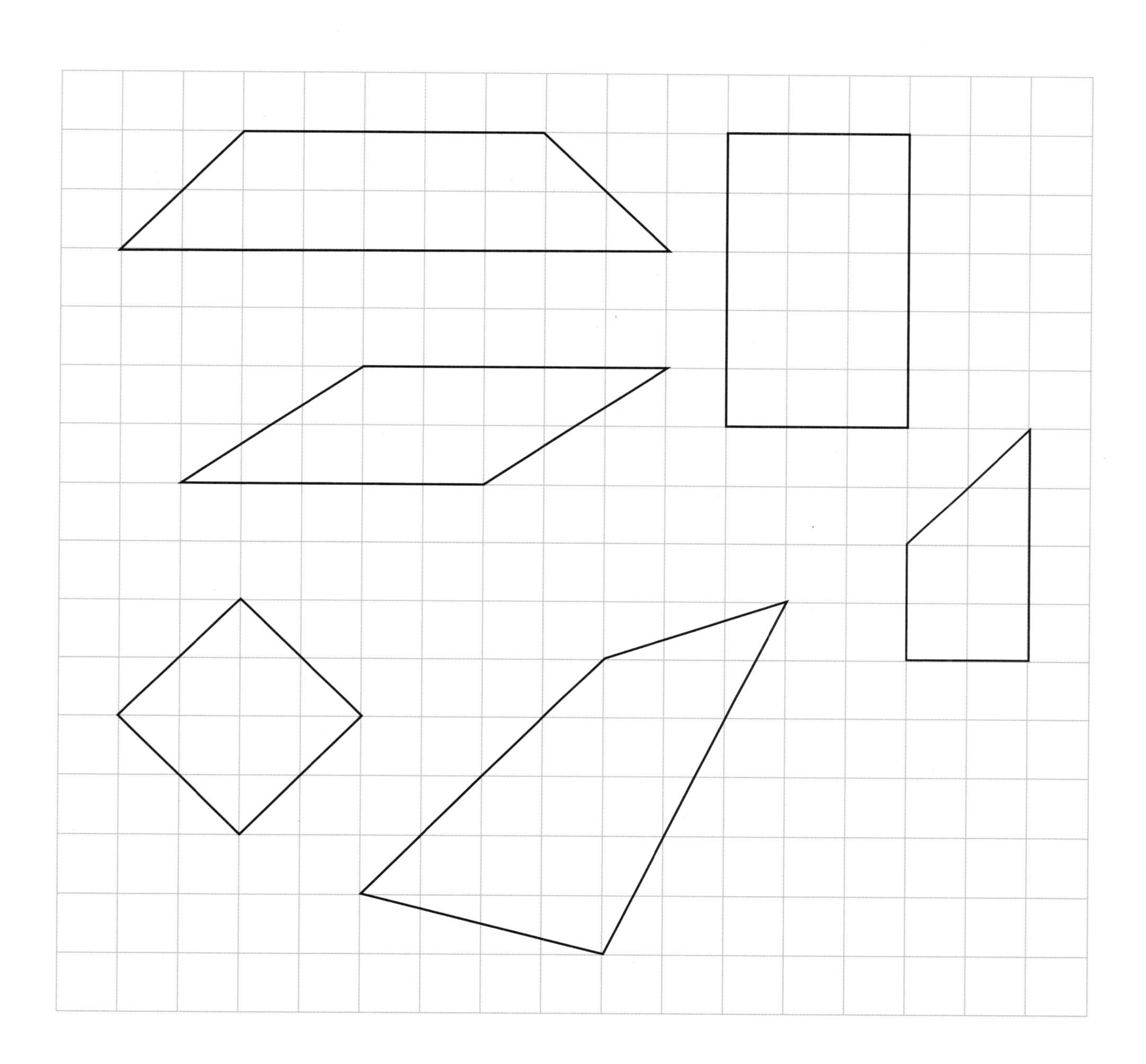

# 比较角的大小

第8课

## 准备

如何比较这些角的大小呢？

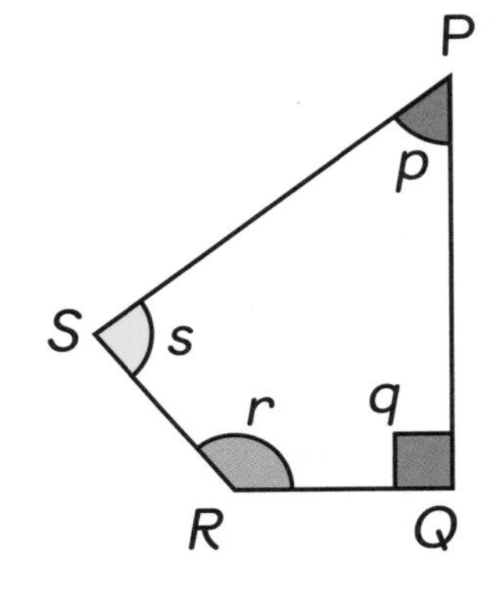

## 举例

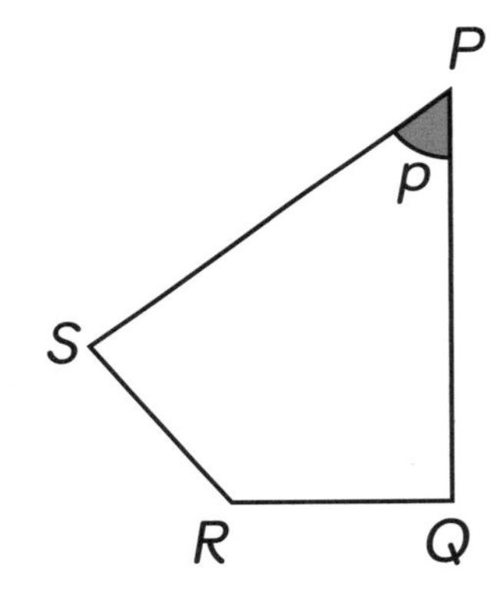


角p是锐角，它比直角小。

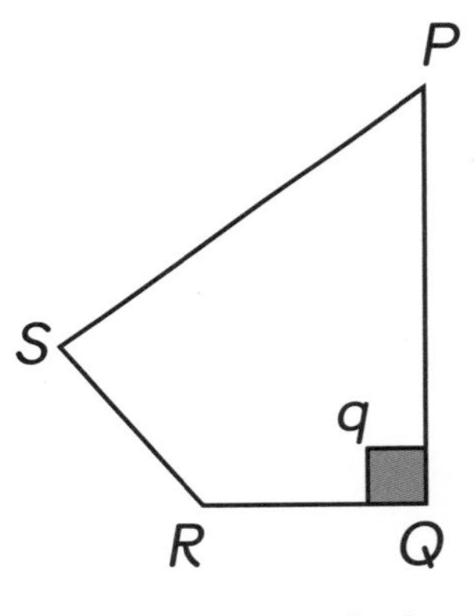


角q是直角。

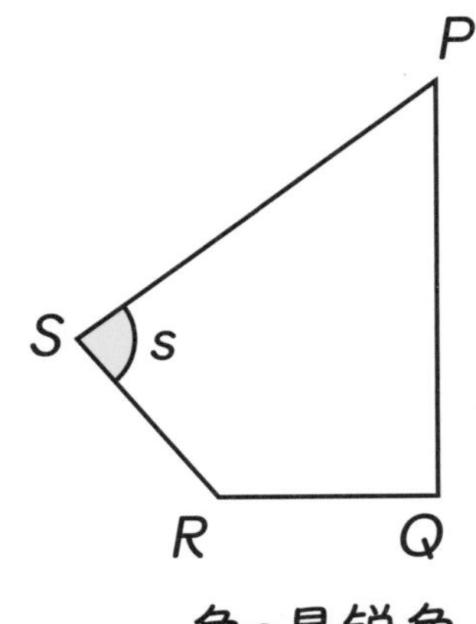


角s是锐角。

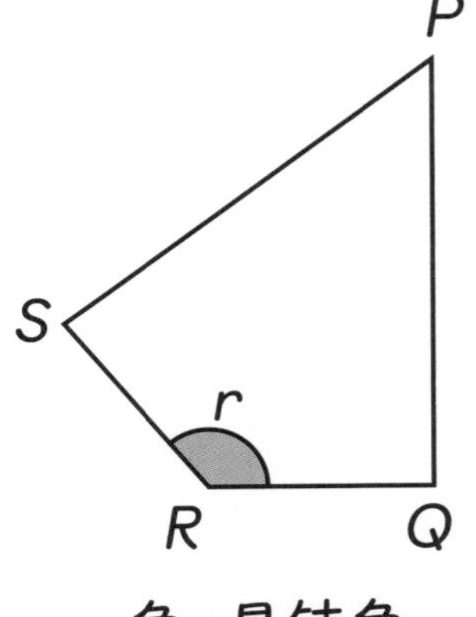


角r是钝角。

角p比角s小。

角p、角s、角q、角r

最小 ——→ 最大

## 练 习

**1** 用“>”或“<”填空。

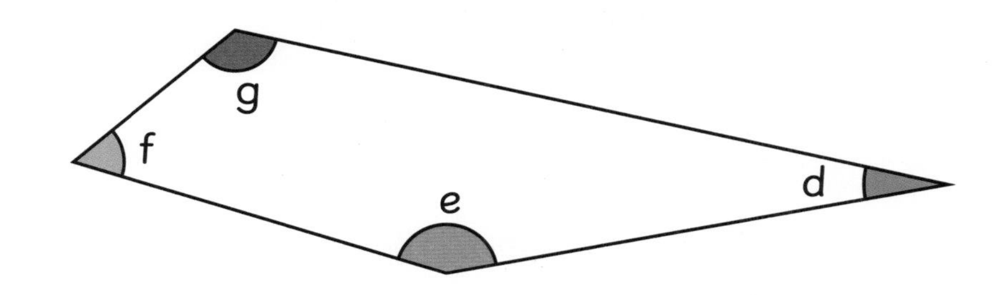


(1) 角d ☐ 角e

(2) 角g ☐ 角f

(3) 角d ☐ 角f

**2** 把这四个角从大到小排序。

角 ☐ ，角 ☐ ，角 ☐ ，角 ☐

# 三角形的分类

第9课

## 准备

如何描述这些不同的三角形呢？

A

B

C

D

## 举例

A

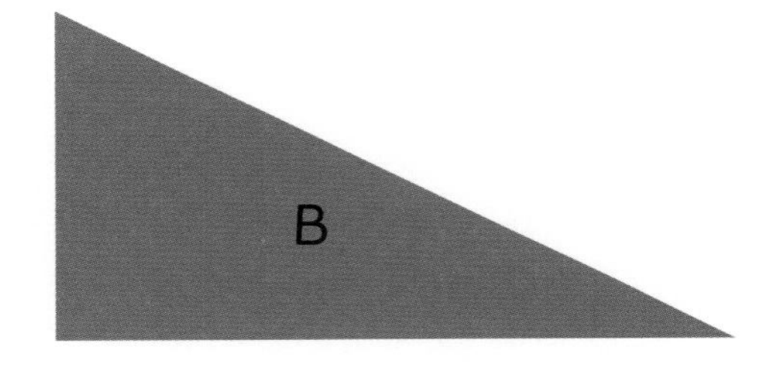


三角形A称为等边三角形，它的各条边都相等。

三角形B有一个直角，称为直角三角形。

三角形A的各个角也都相等。

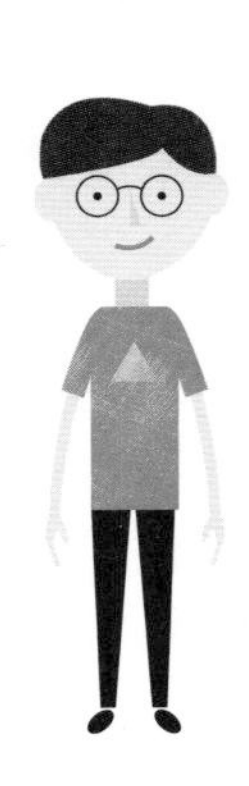

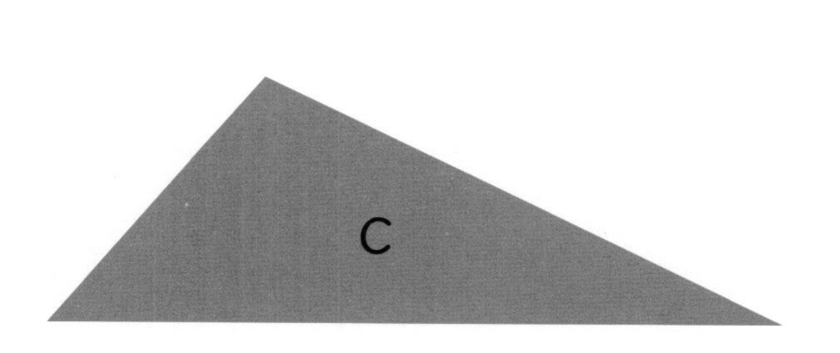


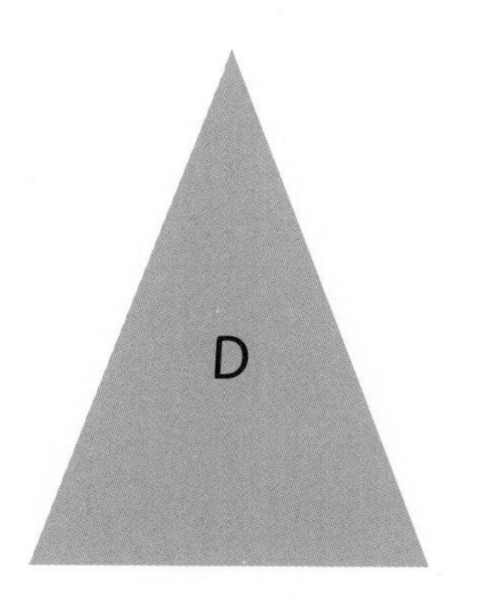


三角形C称为不规则三角形，任意两边都不相等。

三角形D有两条相等的边，称为等腰三角形。

**三角形C中任意两个角都不相等。**

## 练习

1. 给直角三角形标上R。
2. 给等边三角形标上E。
3. 给等腰三角形标上I。
4. 给不规则三角形标上S。

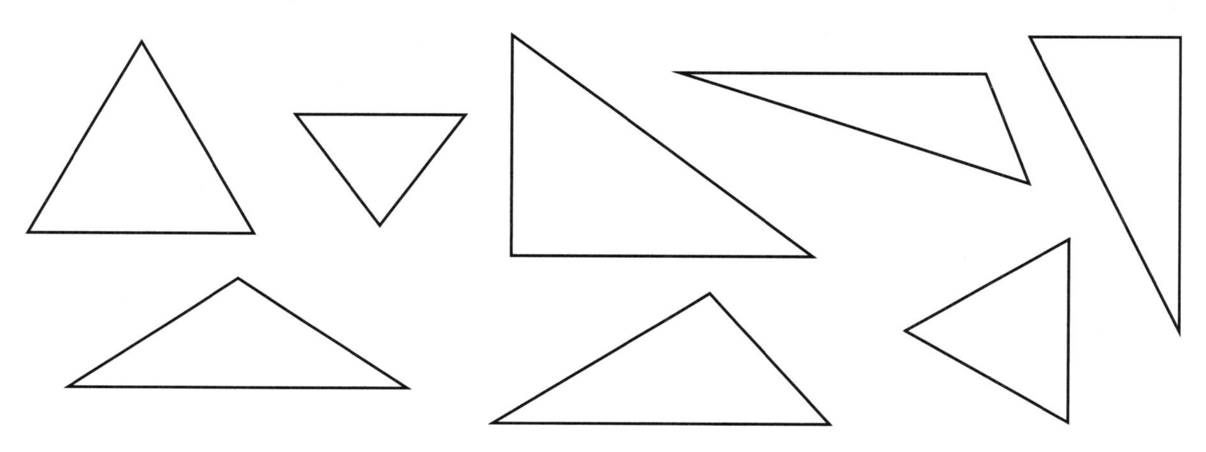

# 四边形的分类

第10课

## 准备

这些图形都是四边形。

它们还有其他的叫法吗？

## 举例

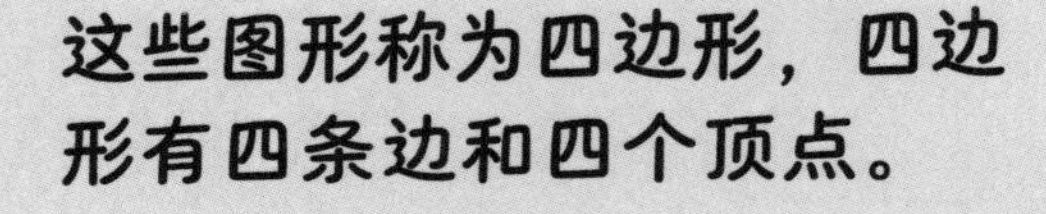

这些图形称为四边形，四边形有四条边和四个顶点。

至少有一对平行线的四边形称为梯形。

这个四边形有两组平行线，称为平行四边形。

这个平行四边形的各条边都相等，称为菱形。

四个角都是直角的四边形称为长方形。
长方形是特殊的平行四边形。

这个长方形的各条边都相等，它称为正方形。

正方形是特殊的梯形、平行四边形、菱形和长方形。

## 练习

按正确的顺序标出下列图形。

1. 给所有的正方形标上1。
2. 给所有的长方形标上2。
3. 给所有的菱形标上3。
4. 给所有的平行四边形标上4。
5. 给所有的梯形标上5。

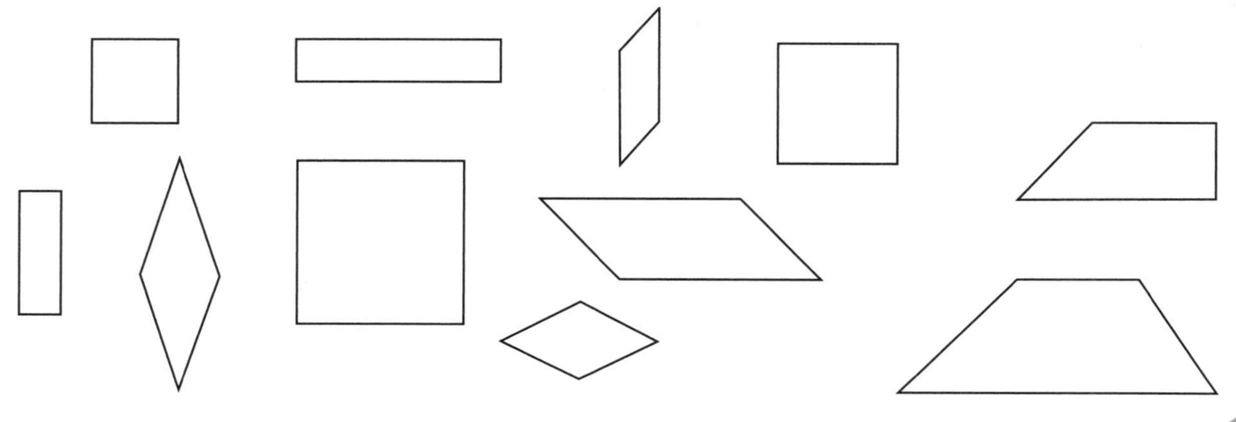

# 认识轴对称图形



## 准备

这两个长方形各有多少条对称轴？

## 举例

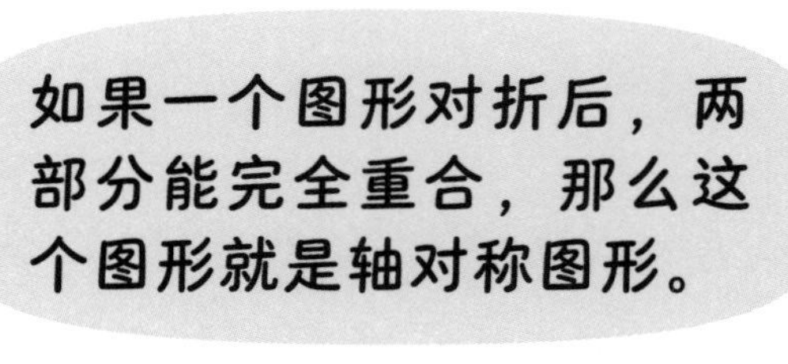


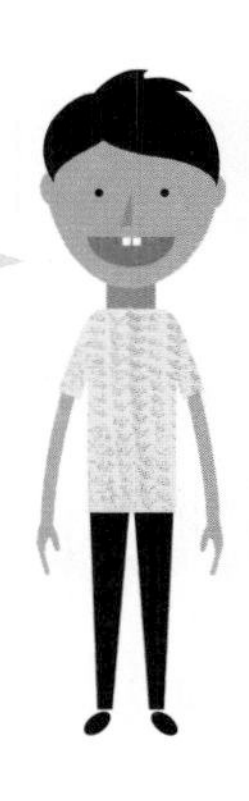

每条折线都是一条对称轴。

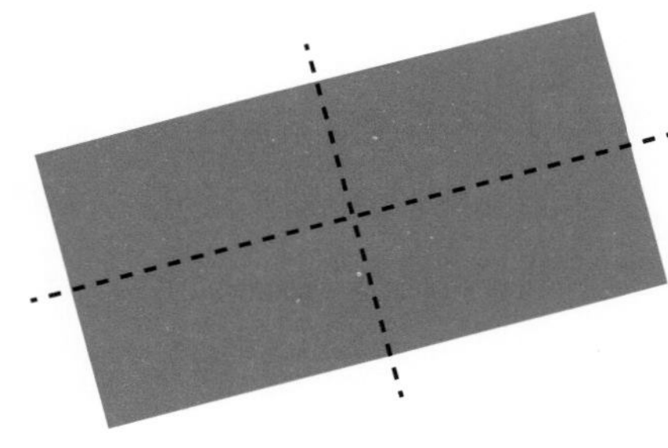

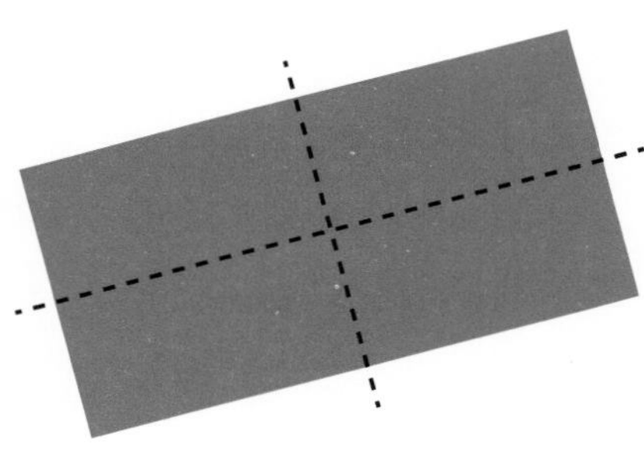

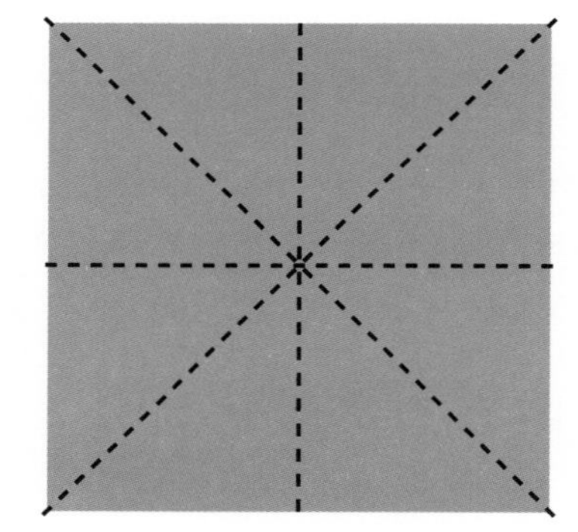

这个长方形有2条对称轴。

这个长方形还是正方形，所以它的对称轴更多。

## 练 习

**1** 圈出轴对称图形。

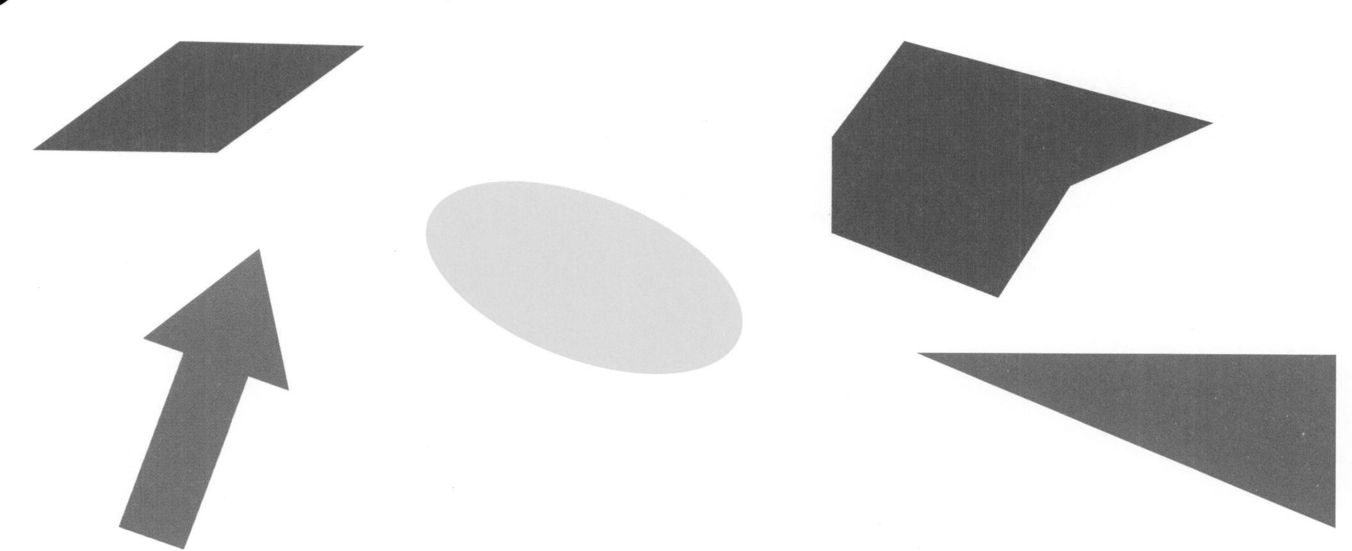

**2** 这些图形各有多少条对称轴？

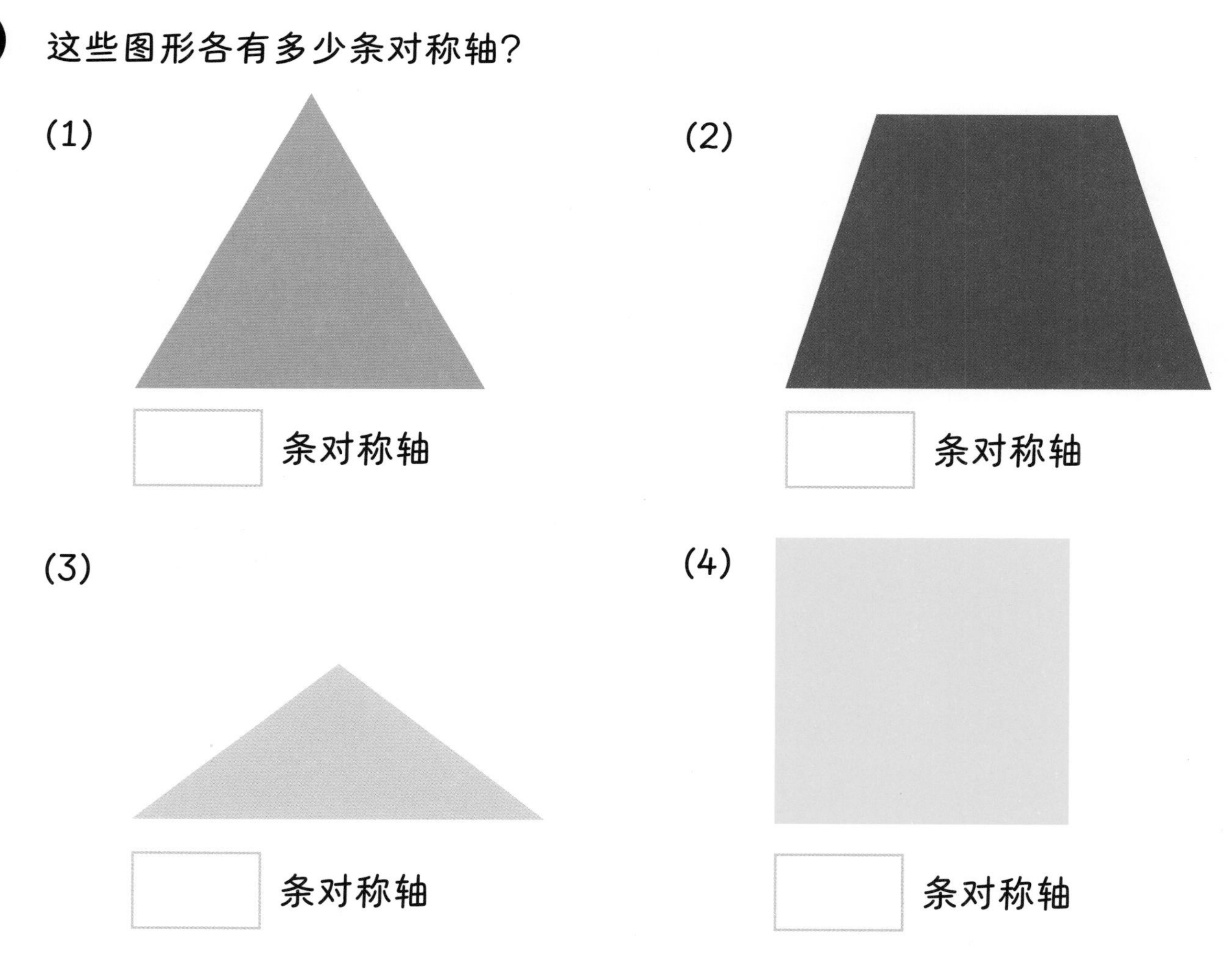

# 画对称轴

第12课

## 准备

这个图形看起来像字母H，它是轴对称图形吗？

## 举例

这个图形有两条对称轴。

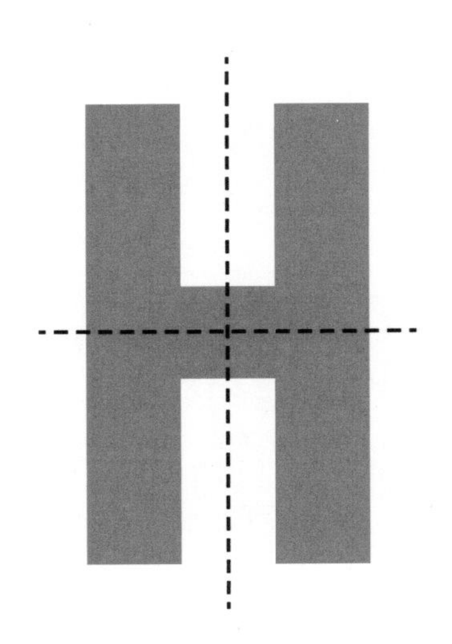

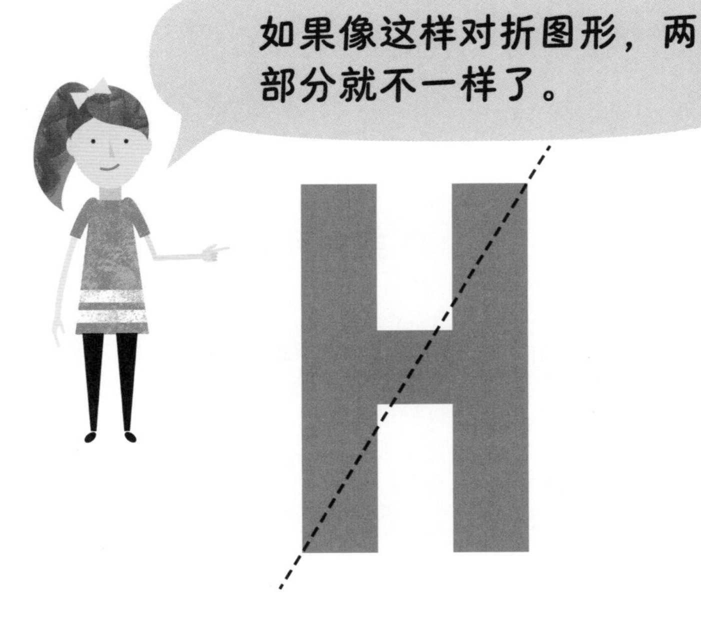

## 练 习

1 给下列图形画出对称轴。

2 画一个有3条对称轴的三角形。

3 画一个只有1条对称轴的四边形。

# 绘制轴对称图形

第13课

## 准备

奥克怎样能画出一只两边对称的蝴蝶呢？

## 举例

奥克先画了蝴蝶的一半。

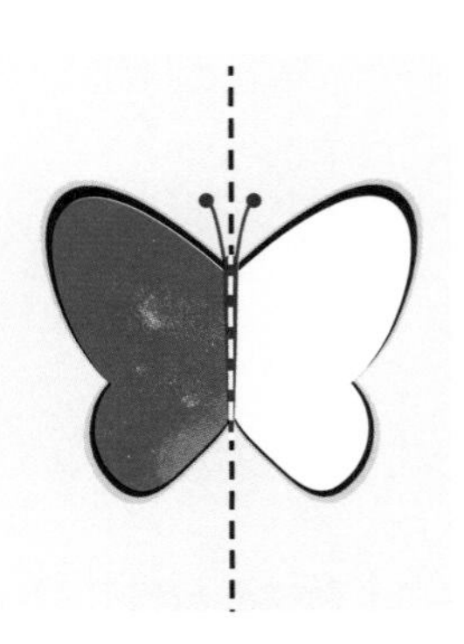

然后她沿着虚线将纸对折，绘制出一只对称的蝴蝶。

## 练 习

**1** 完成图形，使其两边对称。

**2** 如果将纸沿虚线对折，颜料会印到哪个位置？

(1)　　(2)

(3)　　(4)

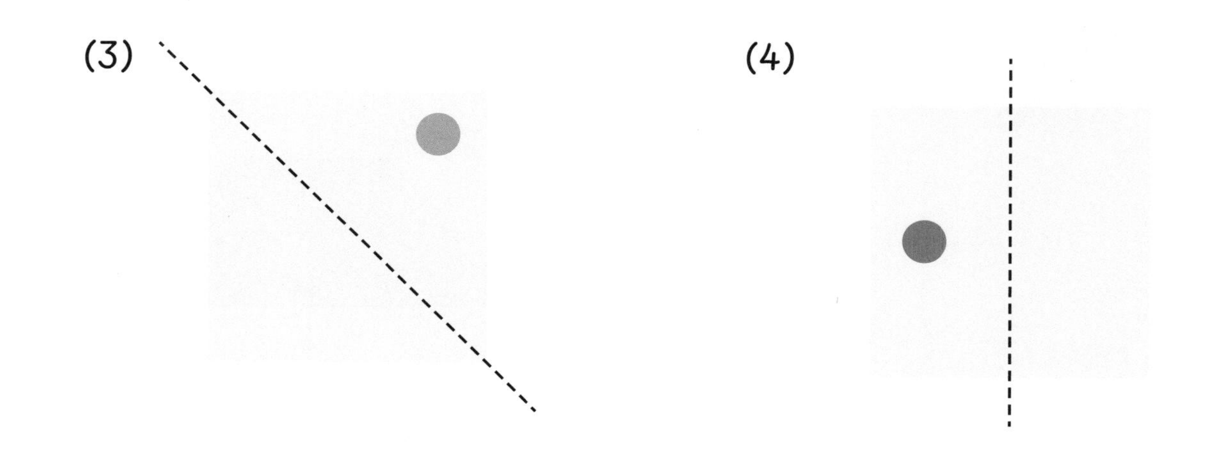

# 补全轴对称图形



## 准备

添加正方形和三角形将右侧图形补全，使其成为轴对称图形。

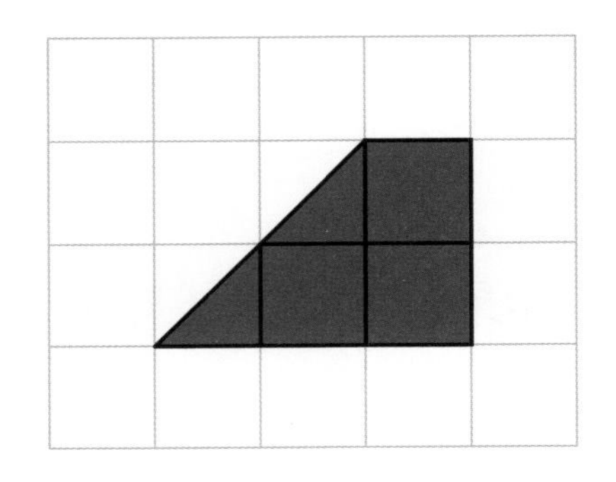

## 举例

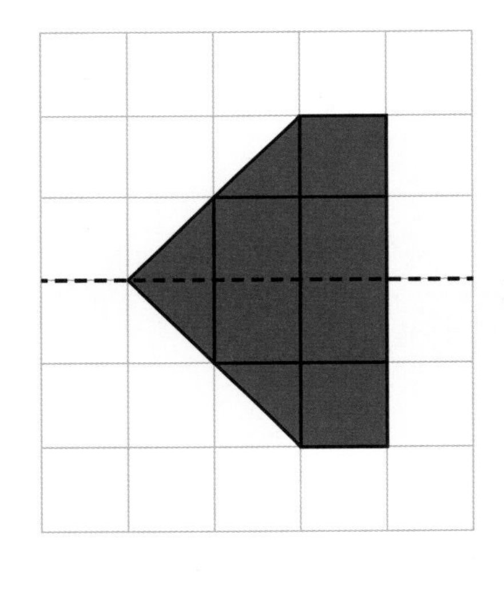

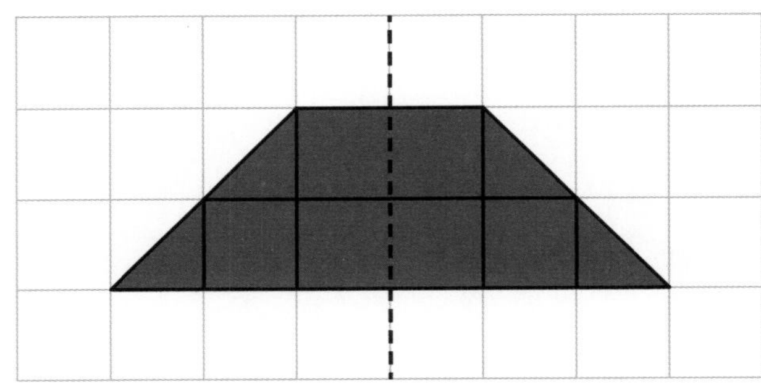

## 练 习

用给出的图形画出两个不同的轴对称图形。

❶

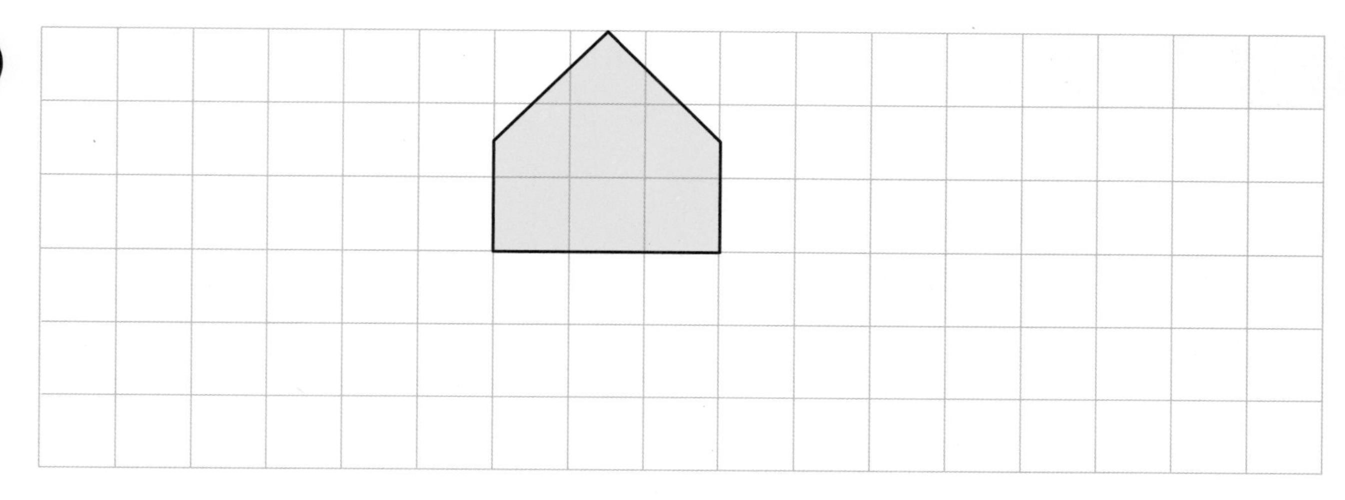

❷

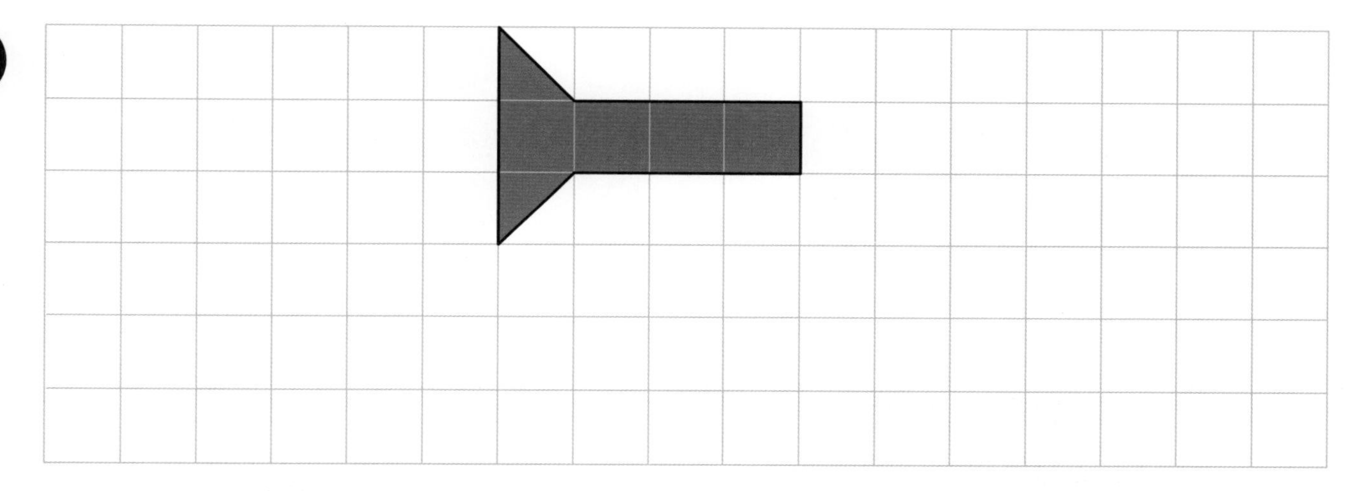

❸

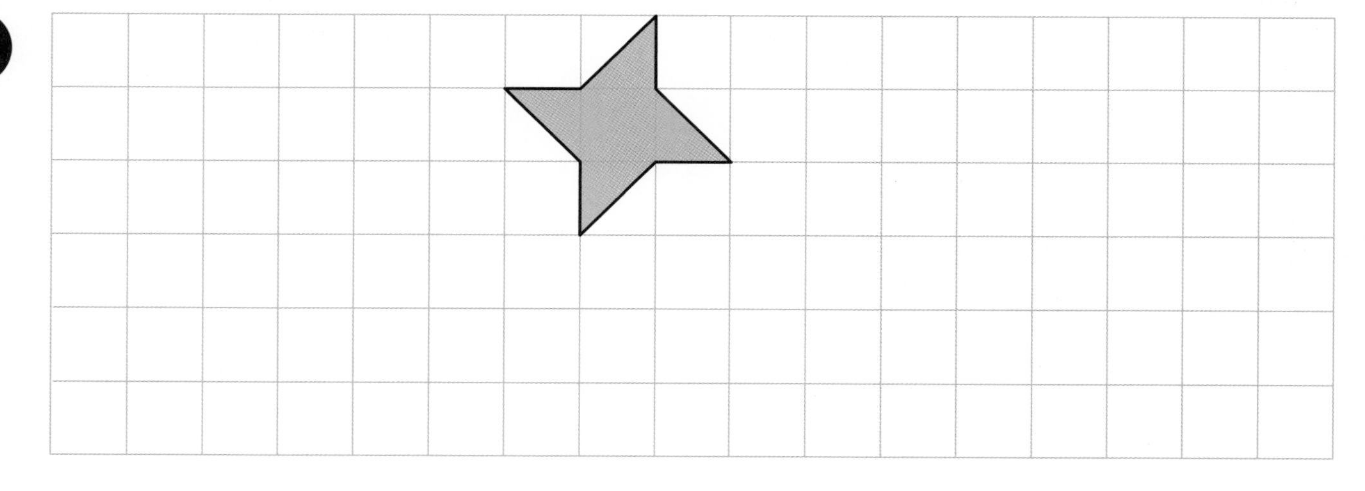

# 描述平面上点的位置

第15课

## 准备

拉维和露露在玩游戏。露露要从拉维的描述中找到他棋子的位置。

拉维会怎么说？

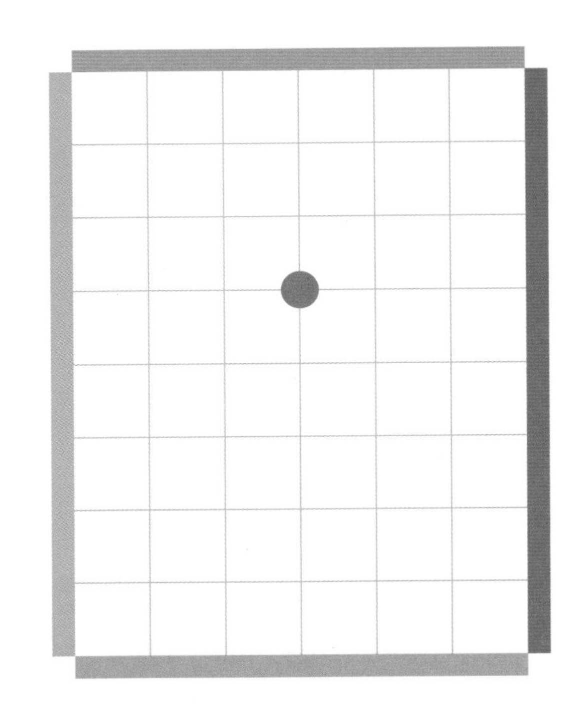

## 举例

以橙线和蓝线的交点为起点。

从蓝线向右移动3个单位。

从橙线向上移动5个单位。

## 练 习

**1** 在方格纸上用叉号标出以下位置。

(1) 距离蓝线2个单位、距离橙线3个单位。

(2) 距离蓝线2个单位、距离橙线6个单位。

(3) 距离紫线1个单位、距离橙线3个单位。

(4) 距离紫线1个单位、距离橙线2个单位。

**2** 把这些叉号连起来。能组成什么图形？

这个图形是 ______ 。

# 用坐标表示点的位置

第16课

## 准备

如何用坐标轴来表示点的位置?

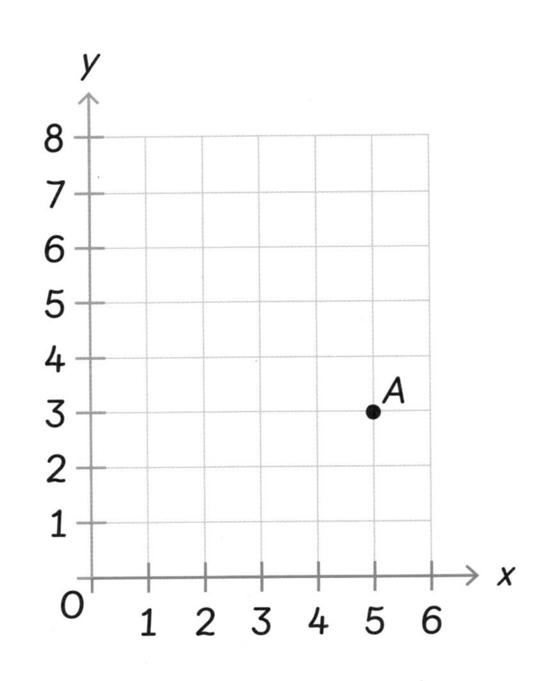


## 举例

红线称为x轴，绿线为y轴。

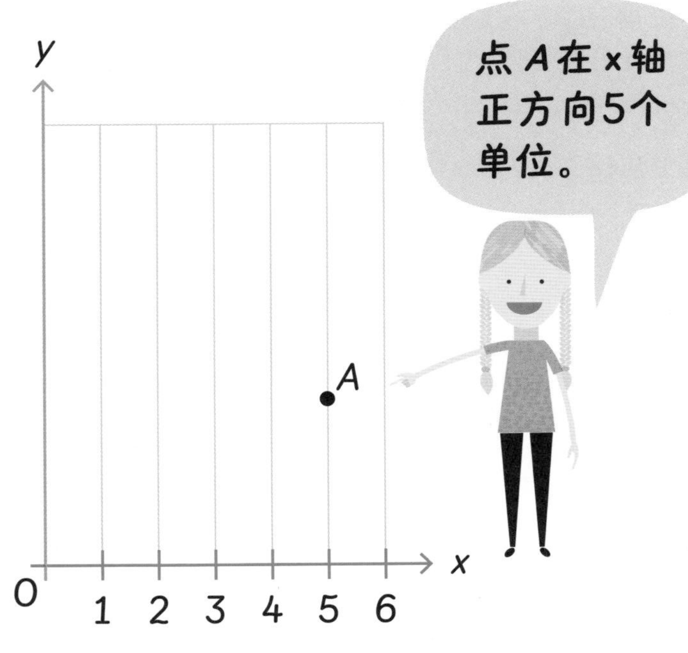


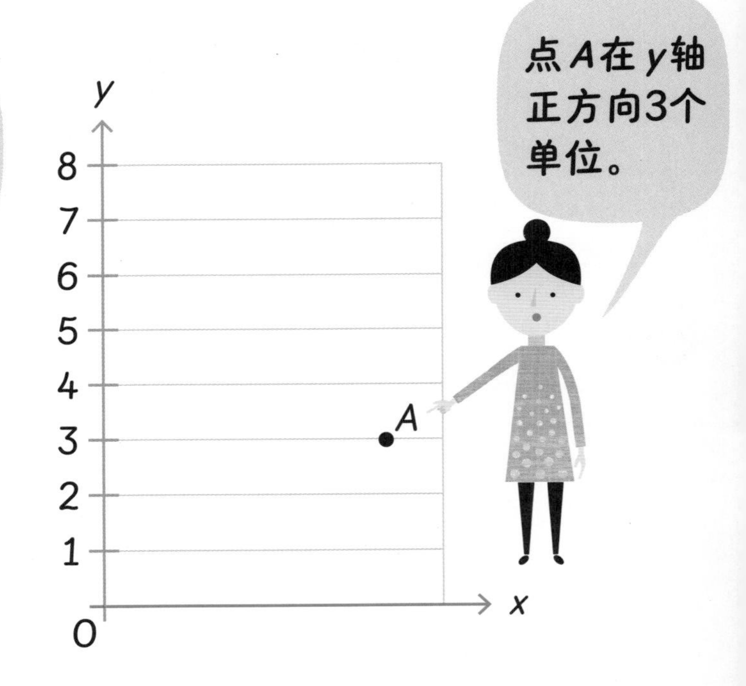


A的位置可以写为(5,3)。

这是点A的坐标。

## 练 习

**1** 写出各点的坐标。

(1) $A$ = ( ______ , ______ )

(2) $B$ = ( ______ , ______ )

(3) $C$ = ( ______ , ______ )

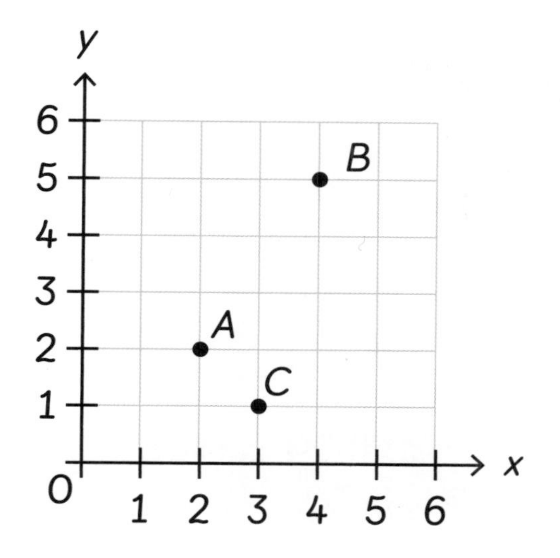


**2** (1) 在网格线上标出以下坐标。

$P$点坐标为 (1,5)。

$Q$点坐标为 (1,1)。

$R$点坐标为 (5,1)。

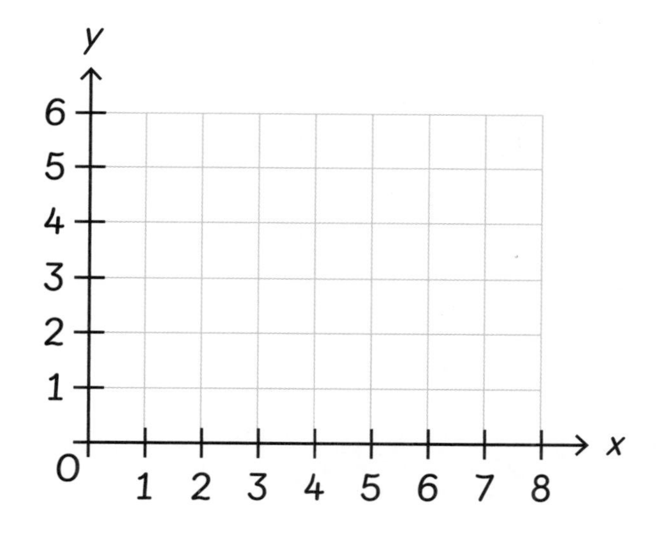


(2) 把这三个点连起来，能组成什么图形？

$PQR$ 是一个 ______ 。

# 在坐标轴上标出点

第17课

## 准备

如果ABCD是一个长方形，那点D的坐标是什么？

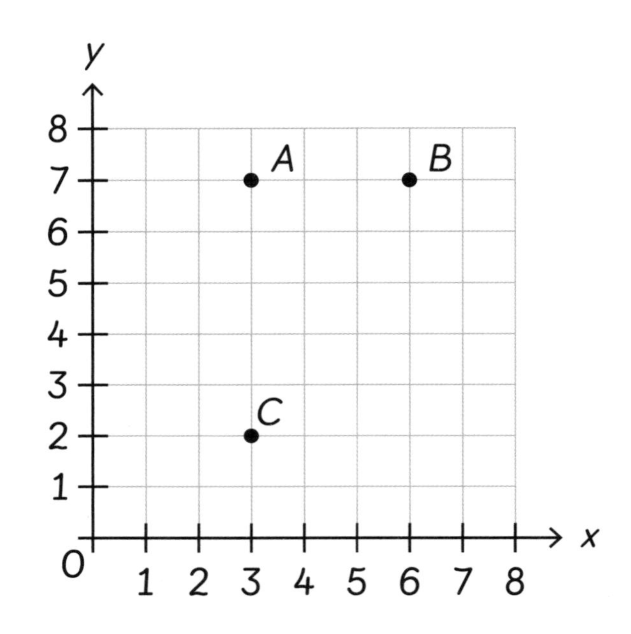

## 举例

ABCD是边长分别为3个单位和5个单位的长方形。

点D的坐标是 (6,2)。

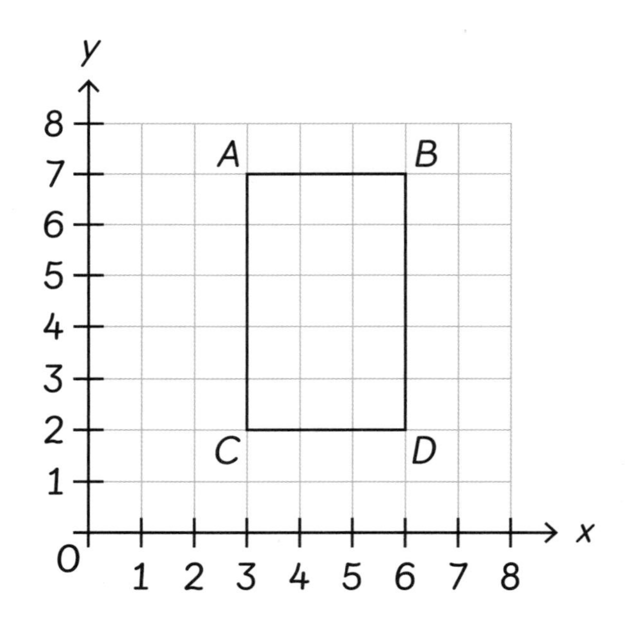


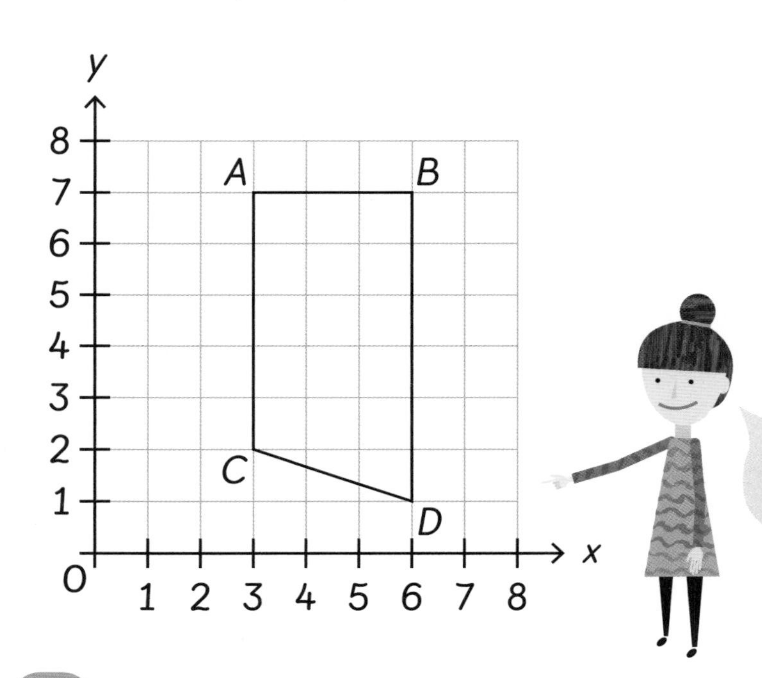


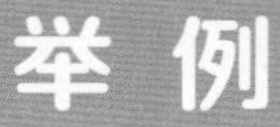

把点D放在(6,1)，可以构成一个梯形。

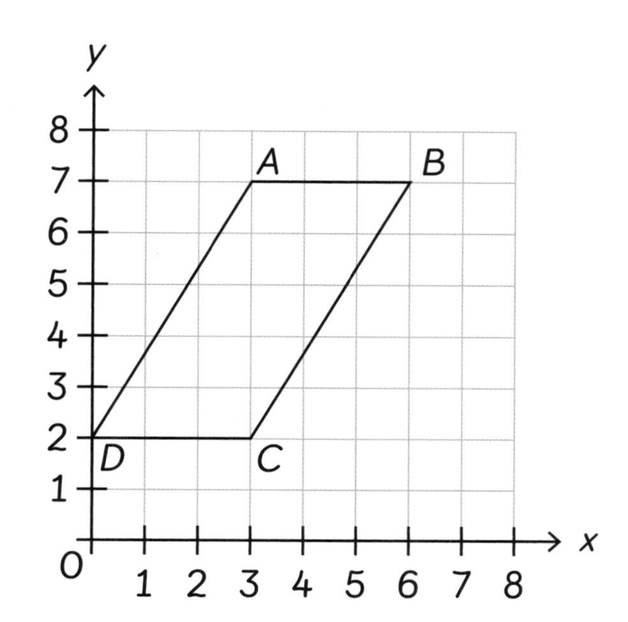



## 练 习

画出下列各点，并写出它们构成的图形。

1. $A$ (1,1), $B$ (1,4), $C$ (5,1), $ABC$是一个 ________ 三角形。
2. $D$ (6,3), $E$ (6,7), $F$ (10,5), $DEF$是一个 ________ 三角形。
3. $P$ (1,6), $Q$ (0,9), $R$ (6,6), $S$ (5,9), $PQR$是一个 ________ 。

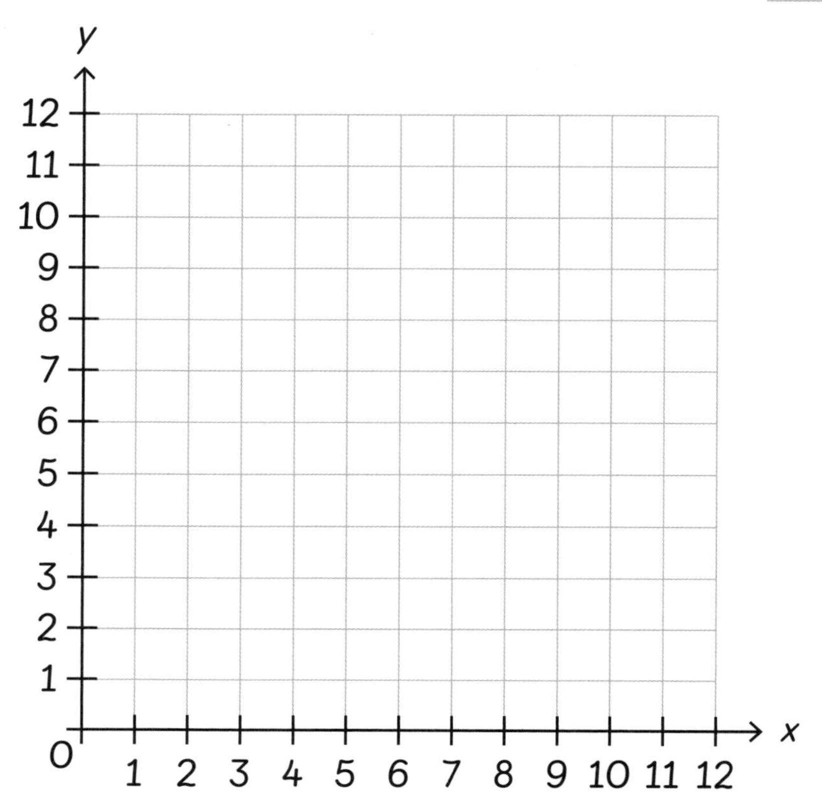

# 描述平移后的位置

第18课

## 准备

如何描述从一点到另一点的过程？

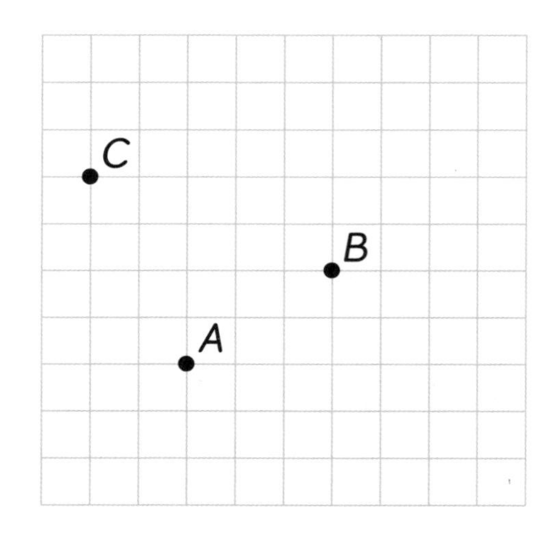


## 举例

从*A*到*B*要先向右移动3个单位，再向上移动2个单位。

从*B*到*C*要先向左移动5个单位，再向上移动2个单位。

从*C*到*A*要先向右移动2个单位，再向下移动4个单位。

我们把这种移动过程称为平移。

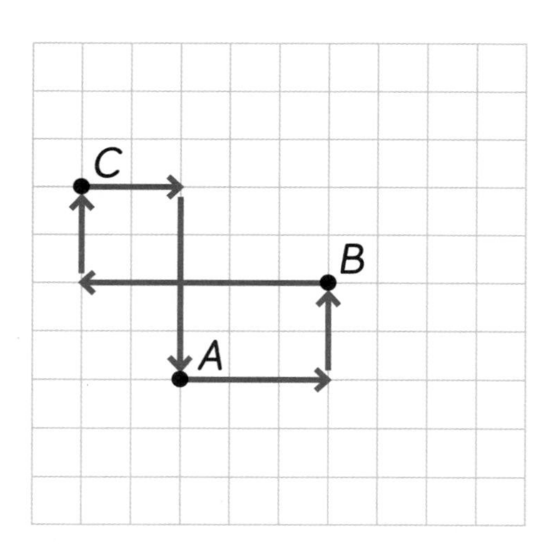

## 练 习

用上、下、左、右来描述以下平移过程。

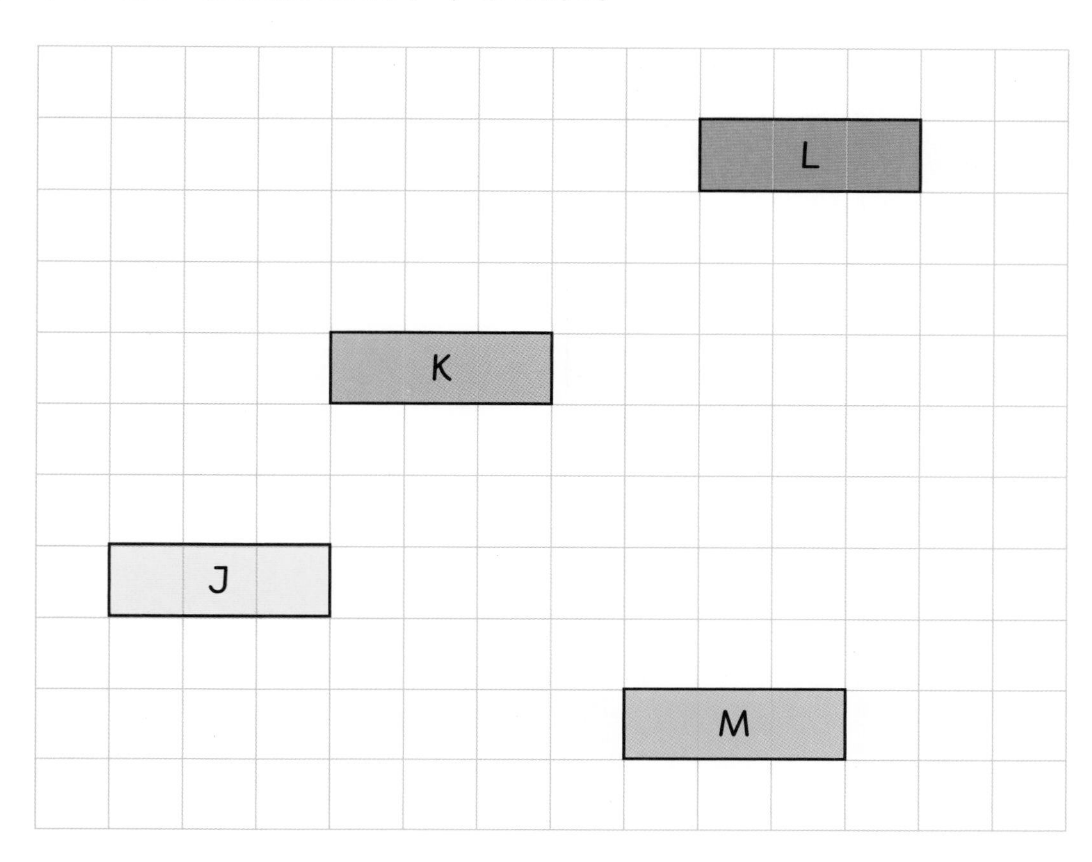


1. 从图形K到图形L是先向 ____ 平移 ____ 个单位，再向 ____ 平移 ____ 个单位。

2. 从图形K到图形M是先向 ____ 平移 ____ 个单位，再向 ____ 平移 ____ 个单位。

3. 从图形M到图形J是先向 ____ 平移 ____ 个单位，再向 ____ 平移 ____ 个单位。

4. 从图形J到图形L是先向 ____ 平移 ____ 个单位，再向 ____ 平移 ____ 个单位。

# 描述平移过程

第19课

## 准备

说一说将点$B$平移到（1,1）的过程。

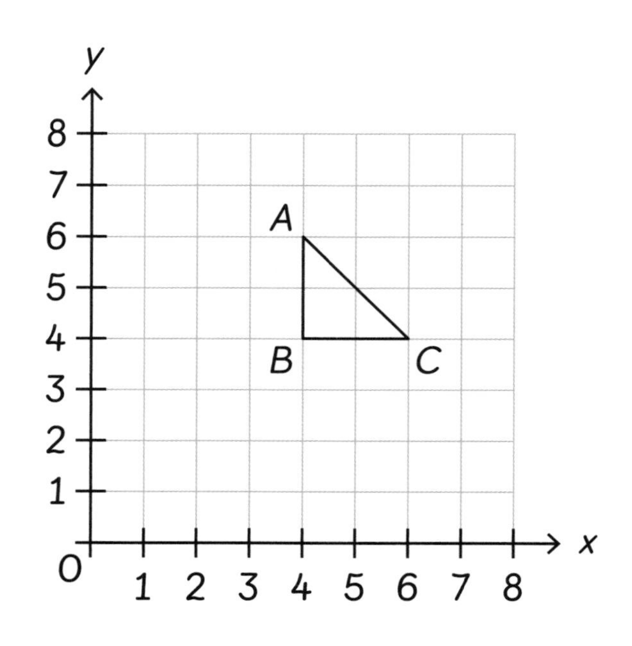


## 举例

点$B$向左平移了3个单位，向下平移了3个单位。

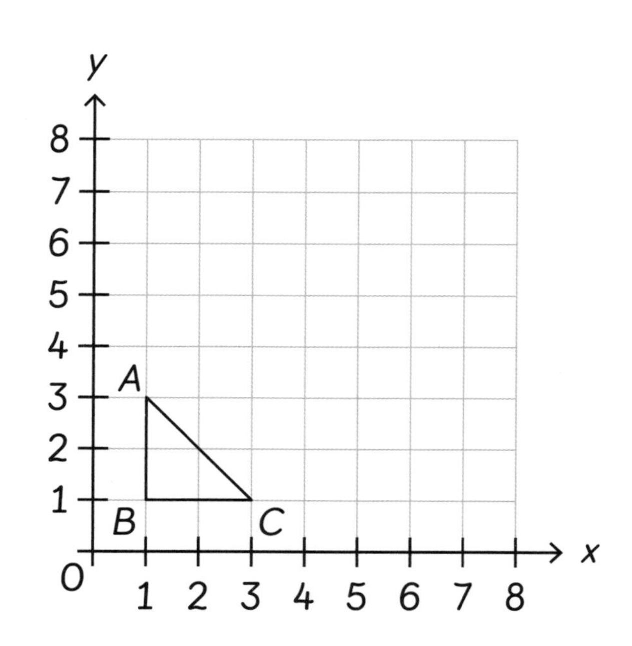

## 练习

**1** 画出红色图形经过每次平移后的位置。每次平移都以当前位置为起点。

(a) 向右平移4个单位。

(b) 向下平移2个单位。

(c) 向右平移2个单位。

(d) 向左平移3个单位，再向上平移1个单位。

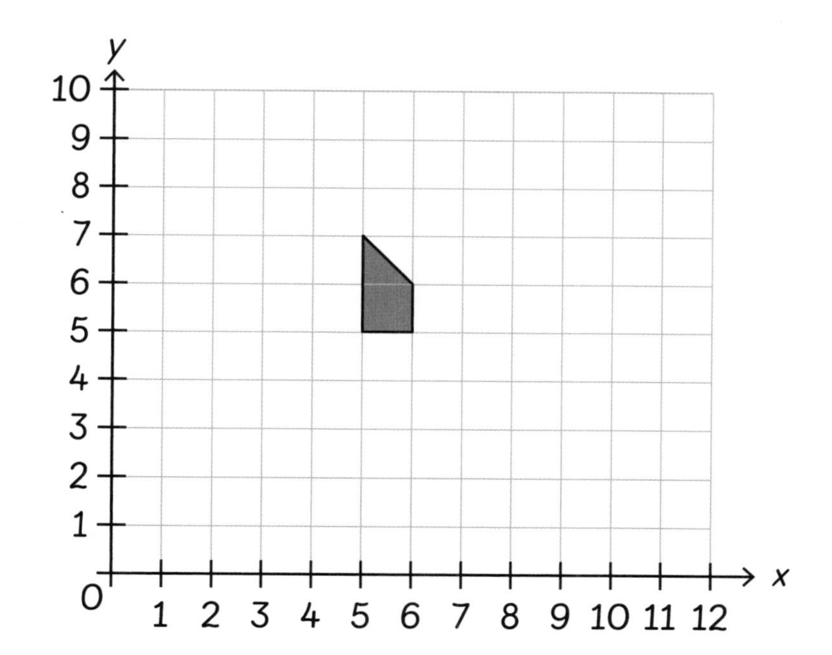


**2**

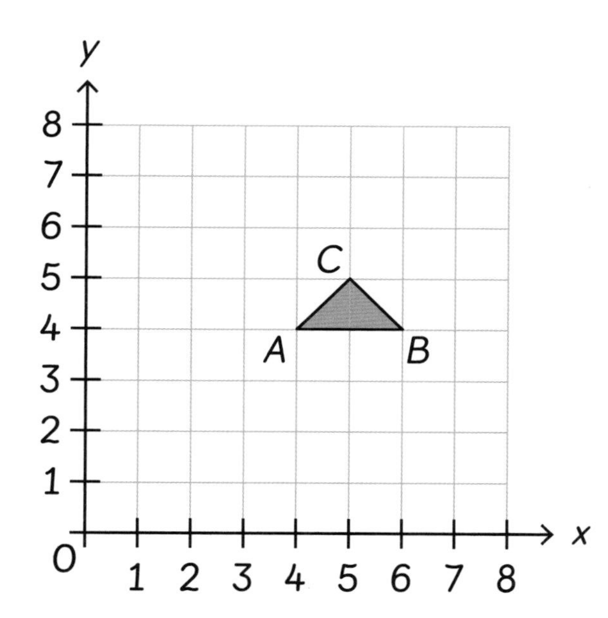


(1) 描述将点$C$平移到(3,3)的过程。

点$C$先向 ☐ 平移 ☐ 个单位，再向 ☐ 平移 ☐ 个单位。

(2) 写出点$A$和点$B$的新坐标。

$A$ = ( ☐ , ☐ )  $B$ = ( ☐ , ☐ )

# 回顾与挑战

1 写出三个不同长方形的长和宽，使它们面积均为30个平方单位。

长方形1 ☐ × ☐ 长方形2 ☐ × ☐

长方形3 ☐ × ☐

2 画出两个不同的长方形，使它们的周长均为30个单位。

**3** (1) 将这三个角从小到大排序。

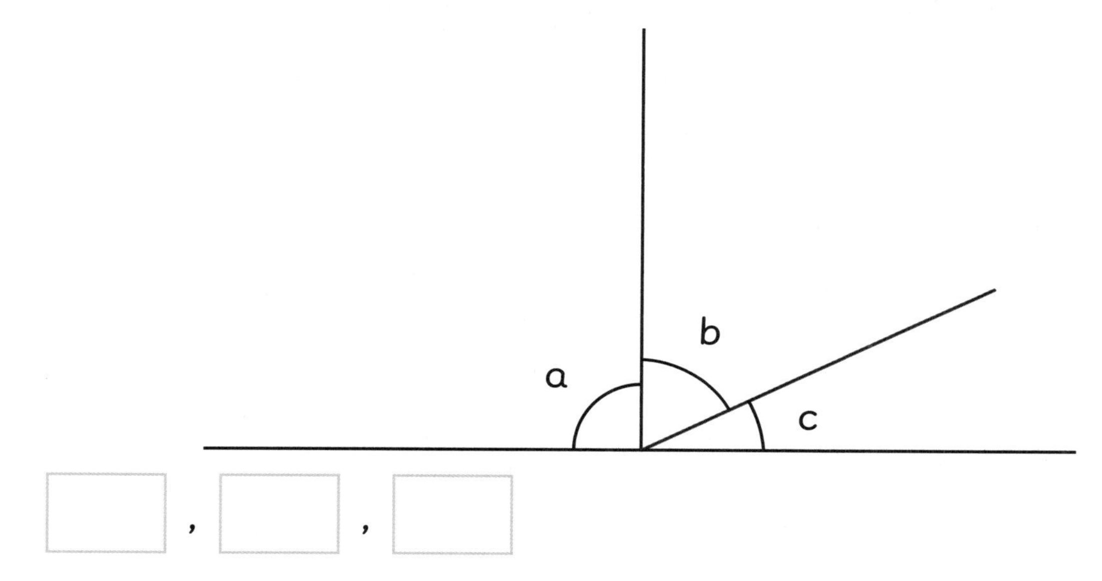


☐ , ☐ , ☐

(2) 写出每个角的名称。

角a是 ________________ 。

角b是 ________________ 。

角c是 ________________ 。

**4** 圈出有2条对称轴的图形。

H　O　Z　W

A　Y　X　E

**5** 完成下列图形，使它们轴对称。

(1)

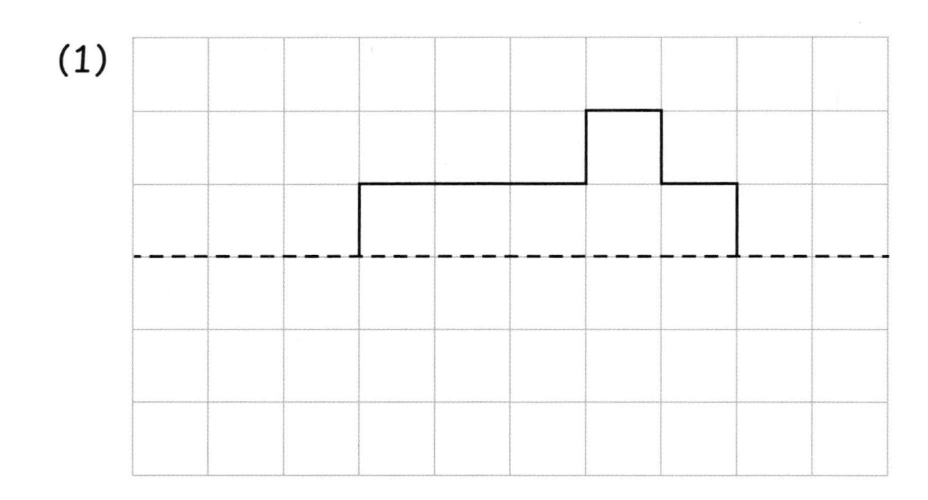

(2)

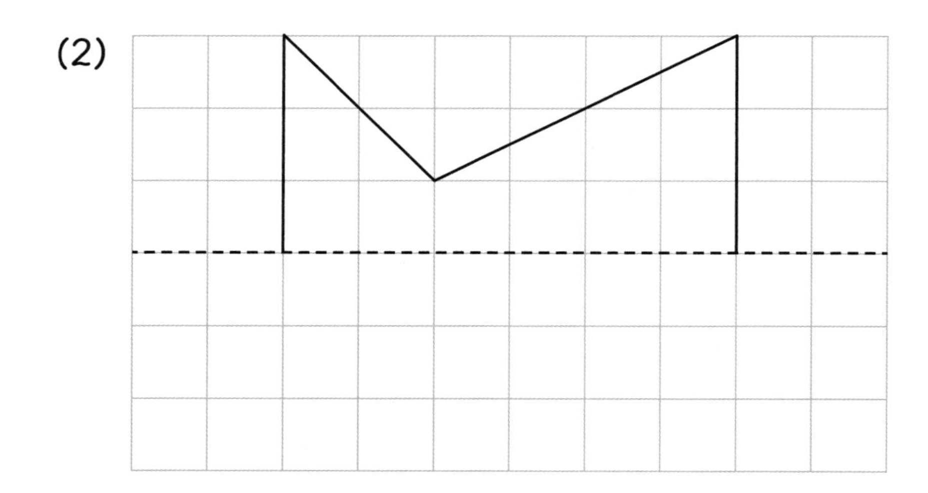

(3)

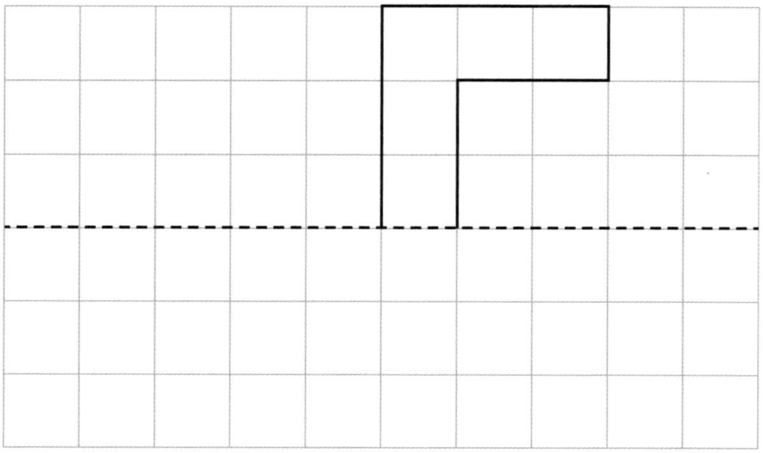

## 6

（1）在方格线上标出以下几个点，并将它们连起来。

(2,2), (4,6), (8,2), (10,6)

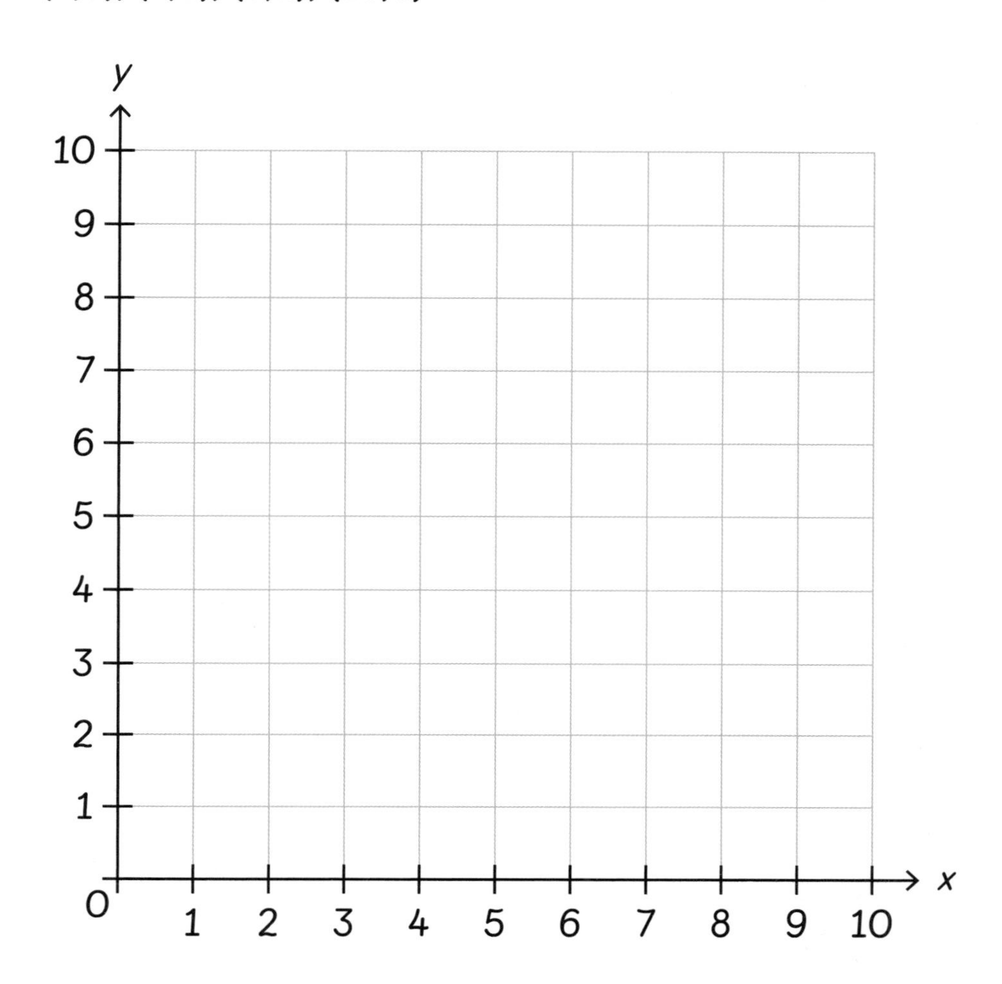

（2）你组成了什么图形？

（3）移动其中两个点，组成一个长方形。

（4）这两个点的新坐标是什么？

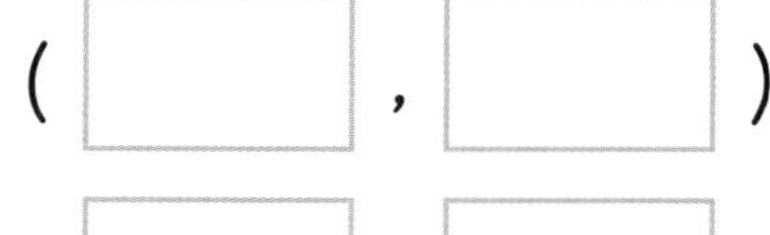

( ___ , ___ )

# 参考答案

第 5 页　1 9个正方形　2 4个正方形　3 5个正方形　4 12个正方形

第 7 页　1 有可能拼出12种图形。　2 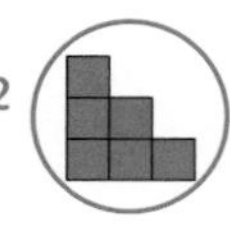 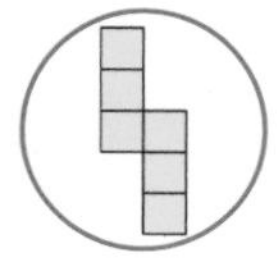 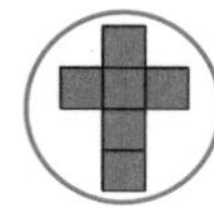

第 9 页　1 答案不唯一。 2 答案不唯一。

第 11 页　1 (1) 图形A的面积为30个平方单位。 (2) 图形B的面积为6个平方单位。 (3) 图形C的面积为12个平方单位。
(4) 图形D的面积为7个平方单位。2 答案不唯一。

第 13 页　1 图形A的面积是10平方单位。 2 图形B的面积是10平方单位。 3 图形C的面积是10平方单位。
4 图形D的面积是5平方单位。 5 图形E的面积是18平方单位。 6 图形F的面积是9平方单位。

第 15 页　1 10个平方单位　2 6个平方单位　3 5个平方单位　4 16个平方单位

第 17 页　1

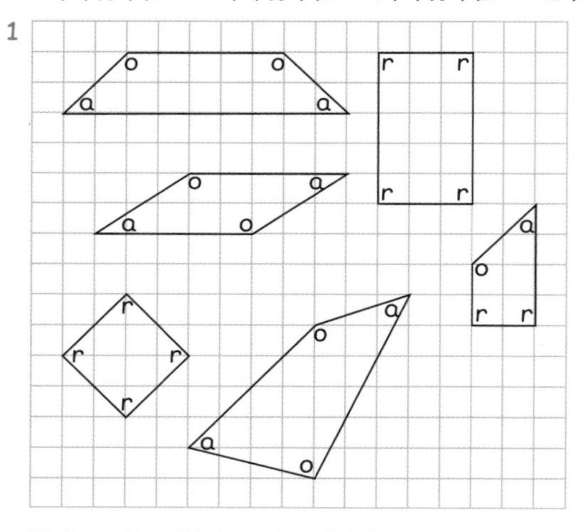

第 19 页　1 (1) 角d < 角e　(2) 角g > 角f　(3) 角d < 角f　2 角e，角g，角f，角d

第 21 页　1~4

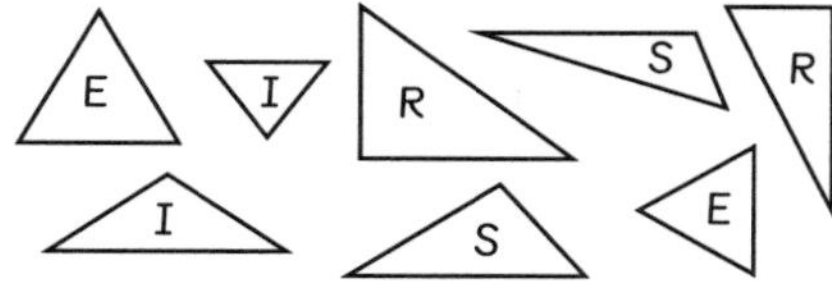


第 23 页　1~5

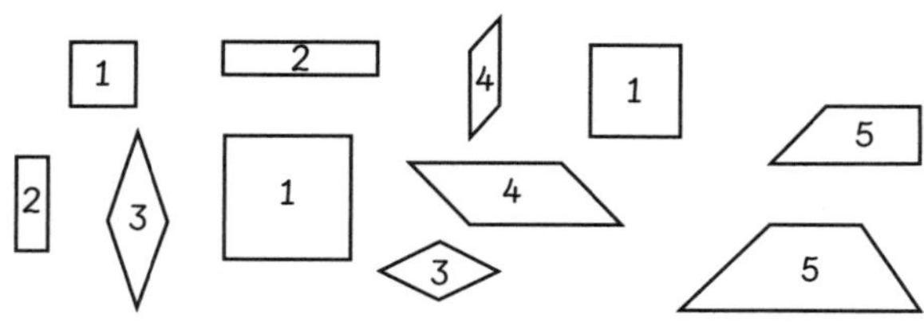


第 25 页　1 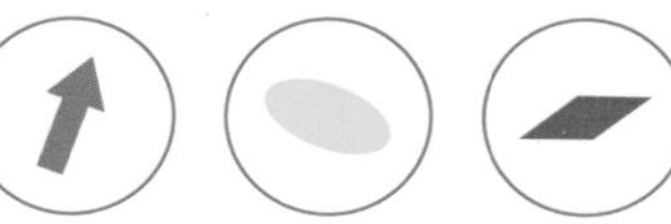 2 (1) 3条对称轴　(2) 1条对称轴　(3) 1条对称轴
(4) 4条对称轴

第 27 页　1 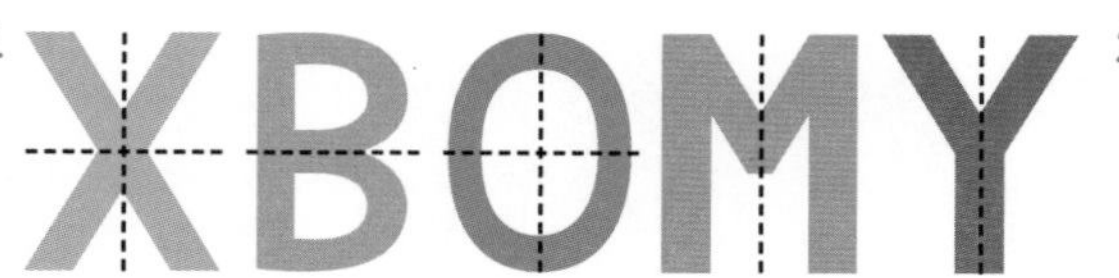

2 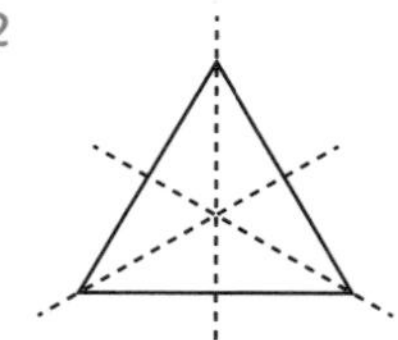 3 答案不唯一。如：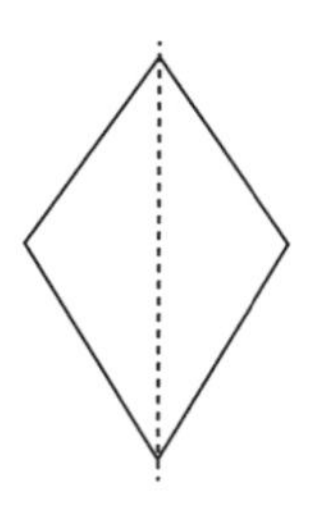

第 29 页　1

2 **(1)**

**(2)**

**(3)**

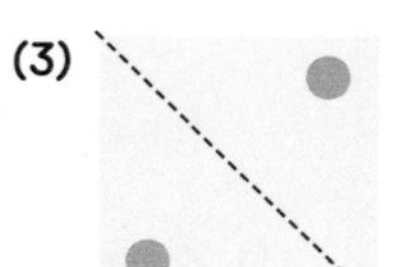

**(4)**

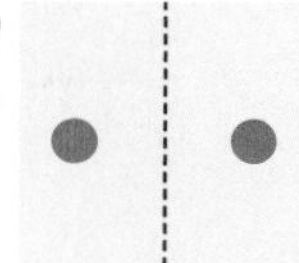

第 31 页　答案不唯一。如：

1

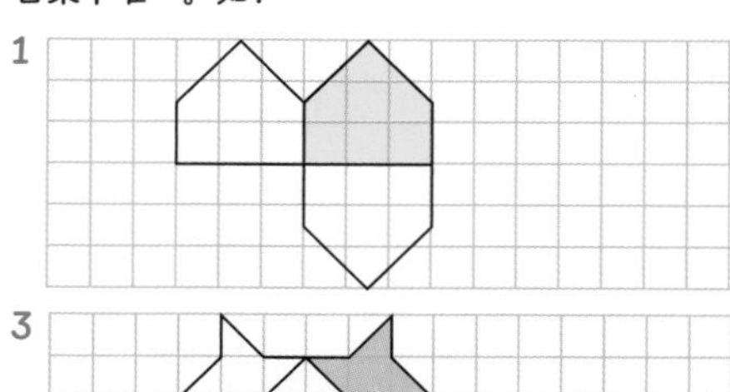

2

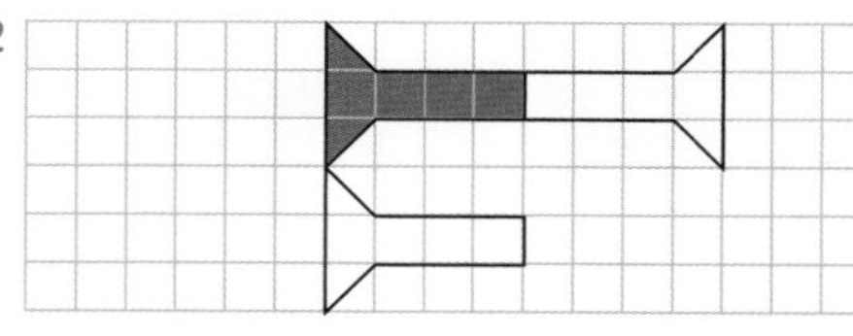

3

第 33 页　1

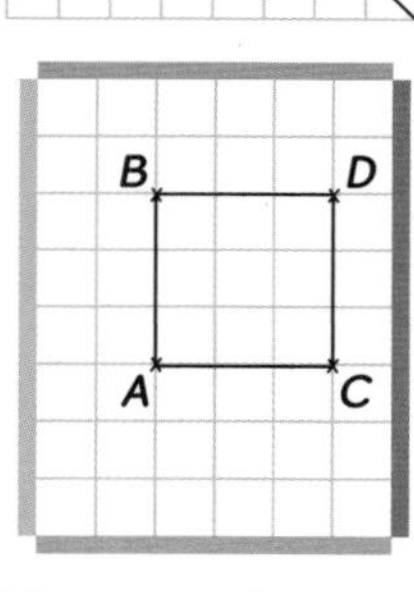


2 这个图形是正方形。

第 35 页　1 **(1)** A = (2,2)　**(2)** B = (4,5)　**(3)** C = (3,1)

2 **(1~2)**

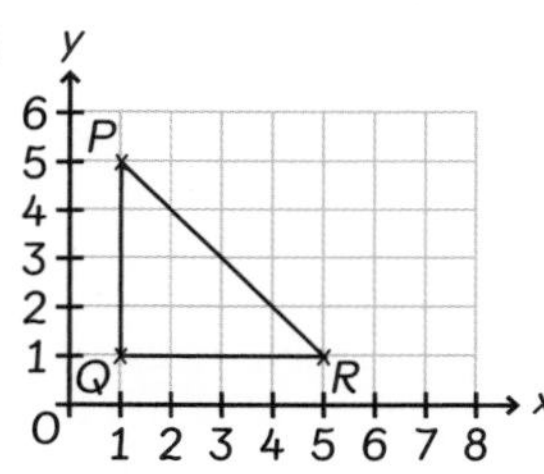


PQR是一个直角三角形。

第 37 页

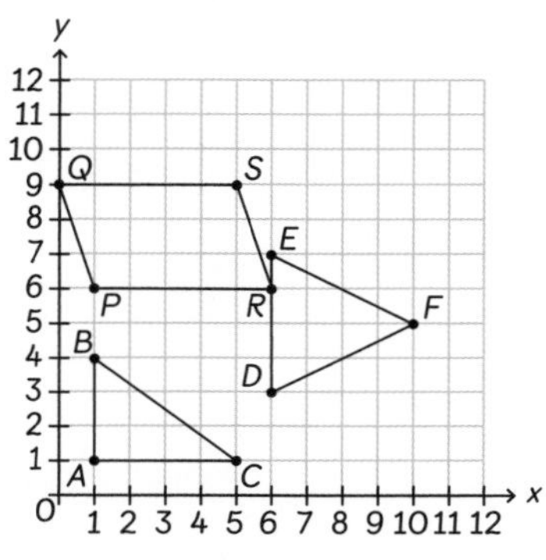


1 ABC是一个直角三角形。
2 DEF是一个等腰三角形。
3 PQRS是一个平行四边形。

第 39 页　1 从图形K到图形L是先向右平移5个单位，再向上平移3个单位。
2 从图形K到图形M是先向右平移4个单位，再向下平移5个单位。
3 从图形M到图形J是先向左平移7个单位，再向上平移2个单位。
4 从图形J到图形L是先向右平移8个单位，再向上平移6个单位。

第 41 页 1

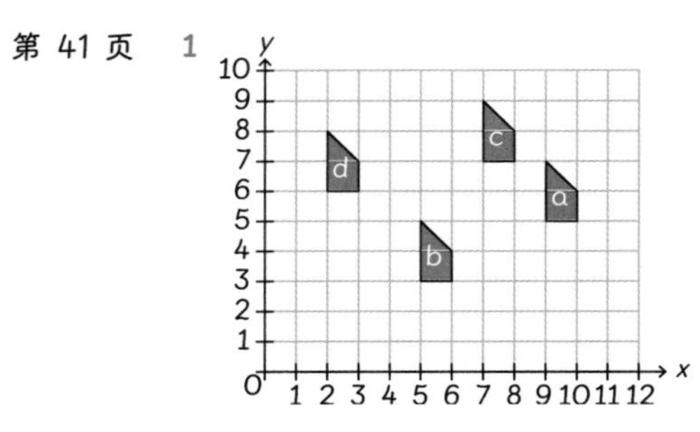

2 **(1)** 点$C$先向左平移2个单位，再向下平移2个单位。

**(2)** $A = (2, 2)$, $B = (4, 2)$

第 42 页 1 答案不唯一。如：5 个单位 × 6 个单位, 3 个单位 × 10 个单位, 2 个单位 × 15 个单位, 1 个单位 × 30 个单位

2 答案不唯一。如：

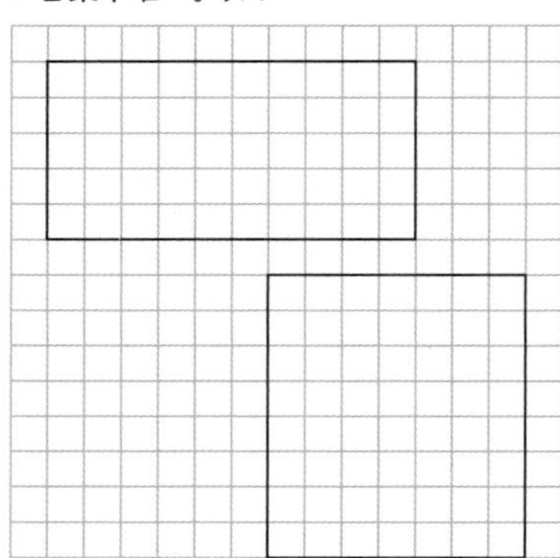

第 43 页 3 **(1)** c, b, a **(2)** 角a是直角。角b是锐角。角c是锐角。

4   

第 44 页 5 **(1)**

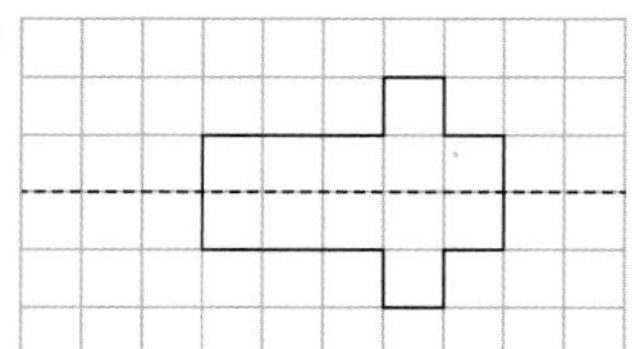

**(2)**

**(3)**

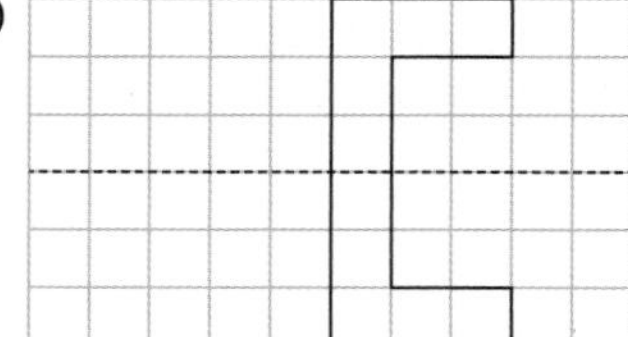

第 45 页 6 **(1)**

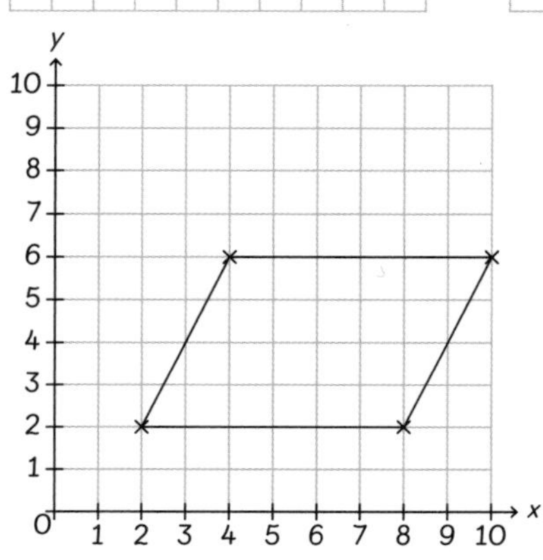

**(2)** 一个平行四边形

**(3~4)** 答案不唯一。如：(2,6), (8,6); (4,2), (10,2)

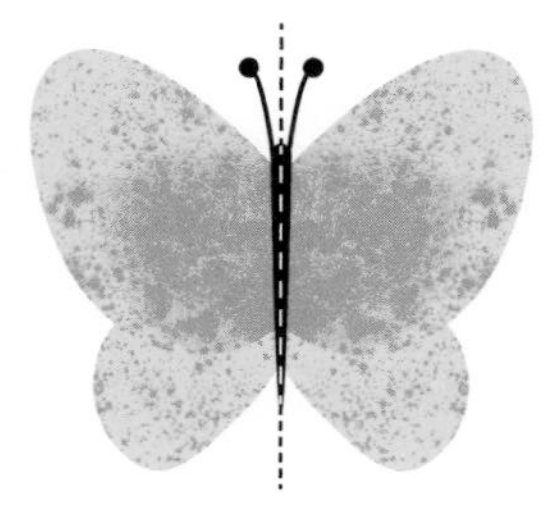